シリーズ
食を学ぶ

食の設計と価値づくり

「おいしさ」はいくらで売れるのか

新村 猛・野中朋美 著

昭和堂

はじめに

・・

　衣食住は、人間の生活に欠くことのできない必要条件であるとともに、人々の生活を豊かに、人生を創造的なものとして彩るという側面もあわせ持つ身近な存在である。そのなかで「食」は、人間の生命維持に関して最も根源的な要素としてのみならず、団らんの場、交流の機会、そして人々の融和を演出するなど、さまざまな目的で供され、花を添えている。

　古来、食は家庭内で営まれる行為であり、その価値創造も家庭内で完結していた。交換経済の成立、および巡礼や納税を目的とした人類の移動が始まるとともに食住分離が起こり、宿泊および飲食が独立の機能として存在することとなった。国家権力の成立とともに専門技能を備えた職業料理人が出現し、宮廷祭祀に伴う食が供されるようになった。中世から近代に至り、都市労働者に対する日常食や、富裕層に対するレジャー食を提供するために飲食店が出現し、調理師や食ビジネスに携わる人が飛躍的に増加した。このように古来より近代にわたるまで、一貫して食の価値は「人」によって創造されてきた。

　産業革命以降、価値創造の担い手としての企業が出現する。工場という大量生産システムを備え、最適化されたプロセスを構築し、急激に増加する人口を支えるために大量の食を生産し、消費者に供給した。技術革新により飛躍して増加する農水産物の生産技術とともに、人類を飢えや貧困から解放し、文化的な生活を営むことができるようにした功績は大きい。初期は保存食や食材など、加工度の低い食物を生産していたが、技術の発達に伴い加工度の高い完成品、おいしさを備えた冷凍食品、風味を損なわないレトルト食品など、そのバリエーションは百花繚乱の様相を呈している。

　20世紀末以降、社会の成熟化に伴い活動をより多様化した人類は、より広範な目的の食を求めるようになった。ダイエットや身体能力の向上、

病院における QOL の向上、宇宙など特殊空間においては、機能面を重視した食を求めている。一方、分子ガストロノミーや真空調理法は、今までに体験したことのない、新たなおいしさを志向している。スローフードは失われつつある伝統食の保存や食材本来のおいしさの追求を志向している。

このように、食は生産方法を進化させ、担い手を広げつつ現在に至っているが、食を扱う研究や技術は、個別の領域で行われている。食は伝統的に調理学や栄養学、農学分野で研究されてきた。近代以降、食はバイオテクノロジーや生産工学、ヘルスケアや医療産業、物理学分野などの領域に広がりを見せ専門化・高度化されてきた。近年、食研究のみならず、あらゆる分野で個別領域における研究による事象解明の困難さが指摘され、文理融合・学際的研究を行うことの重要性が指摘されている。また、食科学叢書シリーズもこのような要請にこたえるため、自然科学・社会科学・人文科学を網羅する知見の提供を行うために刊行されることとなった。

本書は、食の価値創造に着目し、「自然物」である農水産物が、人の手を経て料理や飲料という、ある目的を果たす意味を持つ「人工物」に変化するプロセスを、設計・生産システム・人の関与という側面で概説するとともに、これらのプロセスで必要とされる知見や技術を、主に工学分野の観点で、あわせて経営学の視点で分析することを目的としている。

食物という自然物を食べ物・飲み物という人工物に変化させるため、まず食の目的に沿って適切な機能・価格・意匠・生産方法が設計される。次いで、設計された価値を実現するために加工プロセスが起動するが、そこには原価計算・安全管理・生産効率・生産環境設計など、加工プロセスを構築するための支援技術が存在する。また、生産プロセスの各工程において人が関与している。特に食品の味覚品質・少量多品種・機械化が困難な高度技能という機能的側面に加え、特に小売分野における需要変化に対する投入量弾力性向上を図るためのスケジューリング、フルタイマーとパー

トタイマーの組み合わせなど、オペレーション的側面も重要である。このような一連の過程を経て、消費者の喫食目的に適合した「食」の価値が創造されるのである。

　本書はまず、食の価値創造を実現するための要素である「設計・生産システム・人の関与」の全体像を俯瞰するとともに、隣接する分野との関連性について概説する。次に、設計・生産システム・人の関与についてその輪郭を示すとともに、その構成要素について個別に解説していく。本書は食に携わる実務者・研究者・学生が本領域を理解するための入門書として執筆されたものであるが、食に興味のあるさまざまな領域の読者が手に取ることができるように、事例を用いつつ、平易に、かつ可能な限り楽しく学ぶことができるよう留意する。

2021 年 2 月 10 日

著者記す

もくじ

Part 3
食デザインのマネジメント
—— Food Design Management　27

Part 4
食の生産管理
── Food Process Management

Part 5
食の人的資源管理
—— Human Resource Management of Food

Column

食の価値創造

その歴史に学ぶ

この Part で学ぶこと

　人類は、その発生とともに食物を確保し、生命を維持するという活動に従事してきた。つまり、食の歴史は人類の歴史とともにあるといってよい。しかし、全ての生物が行う「生きるための栄養摂取」が、いかにして食事に進化し、さらにそれが技術やビジネス領域として確立されたのであろうか？　また、人類は価値創造の歴史の過程で、いかに自然物から得られた、カロリー、ビタミン、ミネラルといった栄養素を効率的に摂取できる食物に加工し、それを人々の営みに潤いや楽しみをもたらす食事に供する技術を確立するようになったのであろうか？

　私たちが食を自然科学、特に工学的アプローチによって学び、価値の高い「食」——食物、食事、食ビジネス——を創造するために、まずその歴史を振り返り、食にまつわる人類の軌跡を確認する。

1

1 食の価値創造とは何か？

——食物から食事、そして食文化への進化

食物から食事、そして食文化への進化

「価値」という言葉はさまざまな場面で用いられている。価値のある物、価値観、付加価値……など、枚挙にいとまがない。食における「価値」にも、さまざまな意味が込められている。おいしさ、長寿や健康、ダイエットなど、その効用を主眼にした価値もあれば、高価な食品やリーズナブルな料理など、その経済的側面に焦点を当てる場合もあろう。また、食材の歩留まり（可食量÷原材料総量）や素材の活用率など、量的な意味を持つ場合もある。つまり、食の価値は人間のさまざまな生活シーンにおいて異なった意味を持つといえる。

価値を生むためには、自然物に対して何らかの作用を加える必要がある。小麦は収穫されたままの、自然物の状態では（種子としての価値は持つが）食物としての価値を持たない。脱穀・製粉することによって、食品としての小麦粉へと変化するのである。また、茶葉は自然に自生しているだけでは食物としての価値はなく、茶摘み、選別、焙煎、蒸らしなどの加工工程を経てお茶としての価値を生む。つまり、食物は自然物（素材）に何らかの作用を加えることで食用としての価値を持つ人工物として創造されるのである。

次いで、人の営みである食事に供するためには、食物に意味を加え、付加価値を創造する必要がある。例えば小麦粉は、毎日の朝食としてパンになり、家族の誕生日を祝うためにケーキになる。お茶は、食後の一服として緑茶を淹れ、茶席でのもてなしのために抹茶を点てるのである。つまり、人工物としての「食物」は、文化や習慣などの人間的営みの意味を帯びることによって「食事」という付加価値に変化するのである。

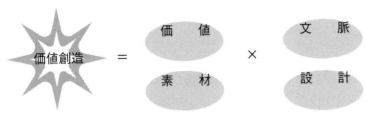

図1　価値創造の公式
出所：筆者作成。

　一方、価値の生産手段について考察すると、素材に何らかの作用を加えて食物にするため、人や道具、機械などの生産要素を投入しなければならない。小麦を収穫する人、脱穀する道具が、小麦を粉砕し、粉にするための石臼やそれを稼働させる動力が必要になる。また、茶葉を収穫するためには人が動員され、乾燥や焙煎工程ではさまざまな道具が投入される。より価値の高い食物を創造するためには、より適切な手段が適用されるべきであり、効率的に価値を生産するための方法を考えなければならない。そのため、人類は長年にわたって道具や方法の高度化を図ってきた。

　また、食物に文脈を加え、食事の付加価値を高めるためには、さまざまな設計を行う必要がある。ケーキの形や色は人の食欲に影響を与え、ケーキに添えるメッセージやろうそくはそこに思い出や感動を生む。食後のお茶に含まれるポリフェノールやカテキンが抗酸化作用や食中毒予防に一役買う、という謳い文句は人々の安心や健康増進にプラスに作用するであろうし、静謐な茶室で供される一服の茶は、精神統一や心の安らぎをもたらす。

　これらのプロセスを定式化したものを図1に示す。価値創造とは、自然物（素材）に何らかの物理作用を加えて食物という人工物（価値）を創造し、料理を食べる目的や意味を与えるために文脈を加え、食事という付加価値を実現することである。そこには、物理的価値と知覚的価値、有形財とサービス財などの概念と対をなす概念が存在する。つまり、食の価値創

造を実現するためには、さまざまな要素を考えなければならない。次節以降で、人類の歴史を振り返りながら、価値創造の系譜を俯瞰していく。

2 栄養摂取から食事への進化
——生物としてのヒトから、文明や文化をもつ人へ

　人類の歴史は、価値創造の歴史といっても過言ではない。木を伐採して家を造り、綿花から糸をよって衣類をまとい、木の実や魚を採集して食事を採る——はじめは自らの命をつなぐために、次いで快適な生活や豊かさを求め、「衣食住」といわれる生活分野の技術を獲得していった。人類初期の食は、空腹を満たすためであり、人間が手を加えない「自然物」としての収穫物をそのまま食べる形式であった。この時点で人類は食の価値を創造しているとは言えなかった。

　人類は、その進化の過程で火を扱う技術を獲得し、素材を加熱する加工技術を獲得していった。初期は単に素材を直接焼くだけであったが、葉に包んで蒸すなどのバリエーションを獲得していった。また、石器や土器など道具の発達は、自然物である素材を人工物としての食物に加工する技術的基礎を形成した。素材を切り、土鍋で炊き、器に盛ることで、動物の栄養摂取と一線を画する、味わいや効率的な栄養摂取といった意味を持つ食物へと加工されたのである。さらに、食物を器に盛り、皆でそれを囲み、ある時は歌や踊りを楽しみながらこれらを食することで、料理を味わい、団らんを楽しむといった精神性を獲得するのである。ここで人類は、自然物である素材を食物に加工し、食事という行為を通じて物心ともに満たすという、基礎的な価値創造を行うことができるようになった。つまり、この時点で食は素材という自然物の摂取から、プリミティブではあるが人間の設計、加工工程を経た「人工物」、そして「価値」の創造へと変化を遂げたということができる。

　さらに人類は、素材の乾燥や保存技術を確立し、狩猟や採集という生産行為と、食物消費行為との同時性を逓減することに成功した結果、その日暮らしであった生活環境が大きく変化した。その日の食を求めて日々を生きる不安定さから解放され、安定した生活を手に入れることができた。また、食材の長期保存は計画生産による大量収穫の優位性を高めることとなり、農耕技術が飛躍的に発展していった。飢えや狩猟からの解放は人類に時間的、精神的な余裕を与え、その結果として人間の創造性が文化を生み、知識や経験の蓄積が文明へとつながっていくのである[1]。

　国家の成立とともに、食物は食用であるとともに租税としての意味を帯び、自らの食用として必要な収穫量を超える農産物を耕作する必要が生じるようになった。余剰収穫物の獲得は、より多品種の素材を得るために収穫物の交換を行うことを可能にしたため、初期は交換経済の、次いで貨幣経済を生み出すことになっていく。これがのちに交換行為を専業とする小売業者や流通業者の形成へとつながっていくのである。また、徴税や巡礼などの習慣が確立されるとともに人々は居住地域を離れて移動する必要が生じたため、移動に必要な道路交通網の整備とともに宿泊施設で食事がサービスされるようになった。Restaurant という語は Rest（休息）が語源であることがその一端を示している。

　国家の成立は、素材を料理化するというプロセスにも大きな変化をもたらした。政権の権威を正当化するための祭祀の発展とともに、その要素として食が重視され、調理技術や作法といった技術体系が発展し、食を扱う専門家としての調理人が出現した。国家にとって、食事は単なる栄養補給の手段ではなく、さまざまな目的を持つようになっていく。国内外の客や使者の応接という外交的側面、祭祀などと結びついて国家の権威を高める内政目的、宮中儀式などと結びついた儀礼目的など、食の領域は政治的色彩を帯びていく。平安時代の宮中における食事である大饗料理はその典型

1　出口治明『哲学と宗教全史』ダイヤモンド社、2019 年。

例である[2]。

　中世から近世にかけ、絶対的な王権の相対化とともに、貴族階級や有力市民、富裕層など多重な特権階層の勃興をもたらした。政権が独占していた専門調理師は多様な主体に雇用されることとなり、趣の異なった多様な調理技法や料理が発達していった。また、時代の変化とともに有力者の興亡が繰り返され、職を失うことになった調理師はその専門技能を活かして市民に対して食を提供する飲食店を開業するようになった。この段階で、食はビジネスとしての色彩を帯びるようになり、調理師は競合相手に対する優位性を確立するためにさまざまな創意を行うようになった。より安価に、価値の高い料理を提供するための素材の加工法や調味法、視覚的に料理を楽しむためのデザイン的観点の導入、デリバリーや仕出しといった提供形態の開発によるプロセス設計など、現代の食ビジネスの骨格が設計されていく。こうして、食は生活主体の手元を離れ、社会的な存在としての色彩を帯びていくのである。

　また、都市の発達は食の社会的、経済的機能に直接・間接的に作用を及ぼした。まず、都市建設には多数の労働者が投入されるが、彼らの多くは出稼ぎ労働者であった。食住分離が常態化するなか、長期間にわたり労働する彼らに対して食を提供する機能が必要となり、いわゆる食堂が工事現場近くに出現する。江戸期に端を発する「砂場」という蕎麦店は、一説には大阪城築城の際、建設資材としての砂を備蓄する現場付近に開業し、江戸時代に都市建設の中心が江戸に移ると同時に店を移転し、そのまま東京に定着したといわれている。日常食の提供においてもとめられるのは、より安価で経済性の高いことであり、重労働に耐えうる体力を維持するための栄養価であった。そのため、調理師は経験的に獲得した素材の加工方法を駆使し、栄養摂取の効率化や高栄養化を実現していくのである[3]。

2　熊倉功夫『日本料理の歴史（歴史文化ライブラリー）』吉川弘文館、2007年。
3　J-L. フランドラン、M. モンタナーリ 編（宮原信、北代美和子 監訳）『食の歴史 Ⅲ』藤原書店、2006年。

　このように、人類はその歴史の中で食を自然物から人工物に進化させ、社会システムの1機能としてレストランなどのビジネスモデルを創造し、食を単なる栄養摂取からレジャー的要素、デザイン的要素などの機能性を加え、その価値を高めていった。しかし、近世以前の食は、あくまで個人技能であり、マニュファクチャーであり、嗜好物であった。それが工学分野の領域として扱う「食」に発展していくためには、他の産業と同様に産業革命を待たなければならなかった。

3 産業革命——食と工学の出会い

　18世紀にヨーロッパで起こった産業革命は、製造業のみならず、食ビジネスにも大きな影響を及ぼすことになる。蒸気機関などの動力や機械は、その初期には鉄道や船舶など輸送手段の高度化へと活用されたが、同時にかつて人間の手作業によって行われていたモノづくりの自動化へと進化を遂げていく。例えば穀物の脱穀や製粉作業などの農作業は機械に置き換えられ、小麦とバターの撹拌作業などの調理工程も自動化されていくのである。こうして、食物の加工主体は調理師や主婦といった人間に加え、食品工場の機械も主体となっていくのである。この時点で、食はより人工物的な性格を帯び、設計や加工、生産管理といった工学的な要素を求められるようになっていった。

　また、産業革命を1つの端緒として急激に高度化した自然科学は、食の分野にも大きな変化をもたらした。例えば、人類は経験法則的にワインの熟成過程におけるバクテリアや細菌繁殖を防止するための方法論を修得していた。ワイン熟成用の壺の中で硫黄を燃焼させて亜硫酸を生成する技術はすでに2000年以上前に開発されており、ワインの保存や熟成技術の発達に大きく寄与したのである。しかし、経験法則はあくまでメタファーな知識であり、そこに科学的根拠、大規模な再現性はない。ワイン醸造が工

業として成立するためには、職人が経験法則として有していた知識を公式化し、高い再現性を実現しなければならない。研究者たちは、人体に無害で、ワインの品質を向上させる亜硫酸を人工的に生成する技術を確立し、ワインの生産量や質の飛躍的向上に寄与したのである。

　さらに、生産技術の確立・高度化は、従来にない製品を市場にもたらした。例えば、19世紀には食品の腐敗を防止し、少量ずつ保管できる手段として瓶詰や缶詰食品が開発され、まず戦時携行食として、次いで市民生活の食を支えるための食品として市場を拡大していく。これらの製品群開発過程で、真空による保存と、加熱による殺菌の効能が広く知られるようになり、のちのレトルト食品や真空調理食品へと進化を遂げていくのである。

　このように、産業革命を端緒として製造業化した食ビジネスであるが、社会システムとしての食も同じく進化を遂げていくのである。例えば20世紀初頭、大量仕入れ、大量出店によって当時高価であったお茶の価格の低価格化に成功したある企業の経験法則をもとに、オペレーションシステムとしてチェーンストアシステムが開発され、20世紀を通じて高度化されていった。これを基盤に1930年代、アメリカのドーナツチェーンやファミリーレストランチェーンなどが次々と大規模化に成功し、次いでその嚆矢ともいえるマクドナルドがマクドナルド兄弟によって創業され、レイ・クロックによって洗練されていくのである。また、1920年代に空港内の簡易な飲食店として創業したマリオット社は、その後機内食事業やホテルに進出し、チェーンストアシステム的なオペレーションに加え、経験法則のマニュアル化、不動産投資スキームの多様化による大規模展開などを開発し、世界有数の企業へと成長を遂げた。

　20世紀に入り、物流網の発達やコールドチェーンの確立は、食ビジネスに大きなインパクトをもたらした。それまでの素材や食物は、腐敗という制約があったため、ある時点で調理された食品を遠隔地に輸送することは困難であった。そのため、初期には乾燥食品や塩蔵品などの形式で、次

いで加熱殺菌した後に真空保存された缶詰や瓶詰という形で食を流通せざるを得なかった。結果として、保存食を製造する技術の高度化が進んだが、フレッシュな状態の食品を遠隔地に輸送することは困難であった[4]。

　しかし、冷蔵・冷凍技術の発達は、遠隔地に新鮮な食材の運搬することを可能にした。18世紀には冷凍庫、冷蔵庫の技術開発が始まり、20世紀に本格化した運輸技術の高度化と相まって冷蔵車が開発され、航空機や船舶、電車や自動車に実装されていった。それに伴い、収穫された素材をその場で加工するのではなく、遠隔地に輸送してから加工することが可能となったため、産地と加工地の分離が進んでいくのである。例えば、ヨーロッパで水揚げされた魚を人件費の安価な開発途上国の工場に輸送して加工することで加工コストの低減を実現することが可能になった。また、従来塩蔵物しか手に入らなかった内陸部の都市に海産物の輸送が可能になったため、例えば従来川魚しか調理しなかった四川料理が急激に海産物を取り入れ、多様化していくのである。このように、冷蔵技術の発達は食のサプライチェーン構築、素材のグローバル化などに大きく寄与するのである。

　また、コールドチェーンの確立は小売・サービス産業にも大きな影響を及ぼす。かつて素材確保のため、沿岸部に分布していた寿司店は徐々に内陸部へと浸透し、食品スーパーは都市部のみならず、道路交通網の条件がそろえば内陸部であっても出店可能になった。食品専業ではないが、ウォルマートの世界的成功を支えた戦略の1つがドミナント（地域を絞った集中出店）であり、それを可能にしたのは交通網の発達、効率的な物流センター、ITによる在庫管理システムなどの導入が大きく寄与している。このように、「物の移動手段の高度化」という社会資本の拡充が食ビジネスの多様化、広域化に寄与したということができる。

4　J. F. Mariani, *America Eats Out, An Illustrated History of Restaurants, Taverns, Coffee Shops, Speakeasies, and Other Establishments That Have Fed Us for 350 Years.* William Morrow and Co., 1991.

4 情報革命の波——食と情報革命

　産業革命の次に起こった非連続なイノベーションは情報革命であろう。トフラーはかつて情報革命を「第3の波」と称し、産業革命同様、社会を大きく変容させるインパクトをもたらしたと説いた。当然情報革命は食ビジネスにも大きな変化をもたらし、同産業のさらなる多様化を招来したといえる。まず、コンピュータの高度化、低価格化の恩恵を受けたのは小売業である。1980年代に、かつて売上金管理システムとして用いられてきたレジスターに代わり、販売時点の商品情報を管理するシステムとしてPOSシステムが開発され、小規模店舗で多様な品揃えを実現した。例えばPOSシステムで時間帯の販売動向を集積し、朝はパン、昼は弁当、ティータイムにはケーキ、夕食時には惣菜を品揃えすることで店頭陳列商品の回転率を高い水準で維持することが可能になる。こうして、情報システムは強力な販売力を持つコンビニエンスストアの成立に大きく寄与した。のちに顧客の注文情報を生産現場と情報共有する機能を付加して外食ビジネスに導入され、同産業の生産性向上に大きく寄与することになる。

　次いで、インターネットの普及はさまざまな分野で食ビジネスのあり方を変えたということができる。第1の変化は情報の非対称性低下である。かつて、素材や調理法の情報は生産者である調理師や農家に偏在し、人気のレストラン情報はジャーナリストや出版業界に集積していた。消費者は情報が偏在した主体から限定的に提供される情報のみを受領し、食に関するあらゆる判断をしなければならなかった。ところが、インターネットの発達によってこれらの知識は一部の独占者の手を離れ、全ての人々がアクセス可能になった。その結果、消費者と食ビジネス従事者との情報非対称性が下がり、消費者は直接情報にアクセスして自分が必要な情報を取得で

5　アルビン・トフラー（鈴木健次・桜井元雄 訳、徳山二郎 監修）『第三の波』日本放送出版協会、1980年。

きるようになった。飲食店の選定、食物の購買といった選択行動だけでなく、クレーム情報、サービスの質といった、経験者しか得られない情報まで、広く共有されている。つまり、消費者の多くが食のプロと同等の知識を持ちうる時代になったということができる[6]。

　第2の変化は場所的制約からの解放である。従来、食は有形物であり、食物を得、または食事をするためには原則提供場所に赴く必要があった。通信販売形式で食物を得ることは可能であったが、アクセス可能な情報や販売物は限定的であった。近年、インターネットの発達に加え、きわめて精緻に管理された流通網の形成は、個人事業者であっても世界に向けて食品を販売可能にした。かつて大航海時代、例えばアンデス原産のトマトがイタリアに、東南アジアで収穫された香辛料がヨーロッパに渡ったように、地理的に移動不可能であった食物が船乗りの手を介し、世界中に普及した。21世紀の情報革命は、国家的事業であった食材のグローバル化を、個人の手にもたらしたといえる。

　第3の変化は、食技能の汎用化への可能性である。かつて調理技能は、長期間の技能習得を経たものだけが得られる、高度に専門化された技術・知識体系であった。しかし近年、すでに述べたように、長年の経験で得られた専門知識は情報化されて全世界に発信されており、知識ベースでの供給者優位性はすでになくなっている。加えて、近年熟練シェフの調理技能を解析し、調理ロボットで再現可能にする研究が進められている。すでに特定ジャンルの料理を作るロボットが実用化され、今後より多機能な調理ロボットの研究が進められている。また、人工知能を活用し、ロボットやコンピュータにレシピを考案する機能を備える研究も進められている。今後、より高度化、多機能化したロボットやAIは食ビジネスや食のシーンを大きく変化させる可能性を秘めている。

6　内藤耕 編『サービス工学入門』東京大学出版会、2009年。

参考文献

財団法人店舗システム協会 編『科学する店舗』東洋経済新報社、2005年。

外食産業を創った人びと編集委員会 編『外食産業を創った人びと』日本フードサービス協会、2005年。

Column

食 × AI

　有史以来、20世紀までサイエンスが食分野で果たした役割は、「物質的な機能や構造の解明」「収穫量の最大化」「加工方法の科学的理解」など、主に材料工学的な分野で研究がなされてきた。21世紀に入り、その潮流が変わるわけではないが、テクノロジーのイノベーションは新たな研究分野を創造しつつある。

　最も重要な進化の1つは、人工知能（AI）である。人工知能に加え、コンピュータサイエンスや統計学の発達は、人間により近いプログラムを実現しつつある。これが食の分野においていかなる役割を果たすのか？ 人間は学習によって知見を蓄えるが、経験によってその思考回路は徐々に定型化され、加齢とともに硬直していく。一方、人工知能は学習によって知識を集積するが、人間のような思い込みや加齢による硬直化と無縁であるため、今までにない組み合わせを創造するのに適している。例えば、納豆にホイップクリームを合わせるという組み合わせは、日本の食習慣で育った人は想起しないと思うが、仮にアミノ酸による味の相乗効果が見込まれる場合、その風変わりな組み合わせを排除するのではなく、新たな食材の可能性として候補に挙げるであろう。世の中には無数の食材や調味料が存在するが、人が人生の中で知り、味わうことのできるのはほんのひと握りである。全世界の食材、調味料がデータベース化され、人工知能がマイニングすることで、今まで人類が出会わなかったマリアージュが生み出されることが期待される。

2

現代に求められる価値創造
工学的観点を中心に

この Part で学ぶこと

　Part 1 では、人類と食とのかかわりを歴史的な観点で概観した。Part 2 では、なぜ食を学ばなければならないのかについて、工学的な観点から考えていきたい。

　食は歴史であり、文化であり、経営であり、経済であるため、人文科学、社会科学もあわせて学ぶ必要がある。しかし、自然科学分野において、食は農学、栄養学、医学、化学などの領域で研究されてきたが、工学的な観点で研究が体系化されているわけではない。食品工業はすでに 100 年以上の歴史を持っているため、食品生産や加工については十分な工学的知見がある。しかしそれらは有形財としての「食品」研究であり、人の生活や心理、経済的効用を包含した「食」研究ではない。

　この Part では、「食」を学ぶ意義を工学的観点を中心に、社会科学、人文科学の知見もあわせて概説する。

1 食の量的拡大──食の価値創造がもたらした到達点

　超長期の歴史を振り返ると、人類の歴史はその人口を支える食物の収穫量向上との戦いの歴史であった。地球という有機的システムが創造する総カロリー数を超えて、人類を含む生物は存在しえない。つまり、地球の食料生産力の範囲で、地球上の生物の総数は規定されるのである。

　初期の人類は狩猟や採集によって食物を得ていたが、次第に耕作や牧畜技術を確立することで、完全な自然状態における食物獲得量を超える生産力を手に入れた。次いで、耕作地の拡大や狩猟道具の高度化など、工作物──初歩的な工学的アプローチと言ってよいであろう──の創造によって収穫量の向上を図った。さらに、作物の交配方法改良や耕作方法の工夫など、農学的なアプローチで土地1単位当たりの収穫量拡大を目指した。産業革命以前の食分野の収穫量向上は自然現象の利用によるものであり、その意味では経験法則の水準でしかなかったといえよう。

　産業革命によって、人類は土地や自然の生産力に依存しない収穫量向上法を確立していく。素材の収穫力向上は、バイオテクノロジーによる品種改良、野菜工場のような生産システム、トラクターや飛行機を活用した農法確立などにより、自然や人間が本来的に備えている力を超えた生産力を手にしていった。また、動力や機械の導入により、人力で可能な範囲を超えて素材を加工する方法を確立し、マニュファクチャー的な生産力を超える方途を手に入れた。その結果、1900年に約16億人に過ぎなかった地球上の人口が2019年には約77億人へと増加している[1]。食分野の産業革命は多くの人々を貧困から救済し、より多くの人間が地球で生きていくための基盤を確立した。そういった意味で、食の産業革命は、人類に大きく寄

1　国連経済社会局 編『世界人口推計2019年版』（PDF）国連経済社会局、2019年。https://www.unic.or.jp/files/8dddc40715a7446dae4f070a4554c3e0.pdf

与したということができる。

　また、Part 1 でみたような食関連技術の進展、および世界的な経済成長や人口増加という社会構造の変化に支えられ、食ビジネスは 2020 年には約 680 兆円の規模になるであろうと推計されている。[2] これは、2016 年現在の世界の GDP 約 8,300 兆円と比較しても、きわめて大きな産業規模であることが理解できる。[3] 素材の生産を行う農林水産業、それを食物に加工する製造業、食物を世界中に配分し、デリバリーする流通業、食物を家庭に供給し、または加工して販売する小売・サービス業というバリューチェーンや、それを支える情報、衛生管理、機械産業などの支援的産業などで構成される巨大な食供給システムが、人類の生活を支え、雇用を生み出し、人間の経済活動や文化的活動に幅広く寄与しているのである。

2 21 世紀の課題──食の質的拡充

医食同源から医高食低へ

　このように、量的・規模的な側面では世界経済における基幹産業、基幹システムとなった食供給システムであるが、質という側面で見た場合、食供給システムの解決するべき課題は多い。

　同一基準で論じることは極端であることを承知しつつ、「医食同源」という観点でこの問題を考察してみたい。かつて人類は、食物が人間の身体、生命に大きな影響を及ぼすことを経験的に理解していた。例えばヨーロッパ地域ではキノコを食用として用いるだけではなく、外傷保護の目的で医療用品として使用されてきた。大航海時代に壊血病で苦しんだ船乗りたちは、ビタミン C を豊富に含む食物が壊血病に効用のあることを経験的に

2　農林水産省 編『日本食・食文化の海外普及について』（PDF）農林水産省、2014 年。https://www.maff.go.jp/j/keikaku/syokubunka/kaigai/pdf/shoku_fukyu.pdf

3　IMF, World Economic Outlook Database, International Monetary Fund, 2017. より推定。

学んだ。まさに食は医薬であり、医薬のための食という色彩が濃い。

　また、食を技術という観点で見てみよう。調理師は包丁などで切った野菜や魚を鍋で煮込み、塩などの調味料を配合しておいしい料理を調理していた。一方、医者は薬草などを薬研（やげん）で砕き、鍋で煎じて飲み薬を作っていた。このように、医療と食事は同じ素材と技術を用いつつ、食事は人間を健康、幸福にする機能であり、医療は健康を損ねた状態を健康体に戻す機能を担当してその目的を相互に補完している。つまり、この時点で医食の価値創造水準は均衡していたということができる。

　近年、この均衡状態は破れ、「医高食低」になったといわざるを得ない。医師と調理師が社会に対して提供した価値に対する対価の1指標として、これらの職業で得られる所得を比較してみたい。「平成27年賃金構造基本統計調査」（厚生労働省 2015）によると、医師の年収1284万円に対し、調理師は333万円である。なぜ、かつて同程度の素材や技術で同程度の価値提供をしていた2つの職業に、約4倍の賃金格差が生じたのであろうか？さまざまな要因が考えられるが、端的に言うと社会に対する価値創造・価値提供に差が生じたからである。

　近現代において、医療の価値創造に寄与した多くは、自然科学の知見である。例えば「医工学」という研究分野があるが、これは、医師の持つ本来的技能を工学的知見で強化し、かつて人間がなしえなかった高水準の医療行為を実現する原動力となっている。例えばかつて心疾患は、外科的な処置をする技能はなく、薬草などを調合して患者に服用する以外特段の治療を施すことはできなかった。しかし、近現代の医療は、麻酔薬や人工心臓、高度な手術器具を開発し、胸部を大きく切り開いて人工心臓を患者に装着し、心臓を一時停止させた上で心臓を切開することで直接的に外科的処置を施すことが可能になった。さらに近年、細いワイヤーを通す切開のみで心臓手術を可能にするカテーテルや、3次元CGで患者の心臓を立体的に再現し、3次元プリンタで忠実に再現された患者の心臓モデルをもとに切

開の訓練やシミュレーションを行うなど、高度化が確実に進展している。

　一方、食分野はどうであろうか？　当然、顧客の注文情報を扱う POS や調理の高度化を目指す真空調理やスチームコンベクション、熟練者を必要としない寿司ロボなど、さまざまな分野で機械化や IT 化は進展している。しかし、先進的技術開発や導入という観点では医療分野に後れを取っていることは事実であろうし、何よりも「かつて人間がなしえなかった水準のアウトプット＝価値創造」という観点では十分な前進は見られない。例えば素材という観点では、かつて人類は醤油や油、塩や胡椒を創造したが、これを凌駕する調味料を創造できていない。また、食品という観点では、食の技能者である調理師は、一般的に伝統的な手作りの調理法を志向する傾向にあり、かつてない新規性の高い食品や調理技法を創造したとはいえない。その結果、自然科学分野のみの問題ではないが、医療分野と食分野の価値創造に大きなかい離が生じたのである。

3 質的拡充を阻害するもの

　端的に言うと、食供給システムは量的規模の拡大を実現したが、質的拡充は今後の課題ということになる。前節で述べた医食同源の例を引くと、なぜ医療と食分野は同じ時間を経たにも関わらず、その質的水準に差異が生じたのであろうか？　食分野の質的拡充を実現するために、本節ではその阻害要因について考察を加える。

コモディティ性

　第 1 の阻害要因は食のコモディティ性である。食は特殊な料理でなければ原則誰でも家庭内で調理可能であるため、専門家に委任する必要はない。当然、「てっさ」や「鱧ちり」のような高度技能を必要とする料理を提供する飲食店の付加価値や価格は高いが、高価な食の摂取は健康や生活維持

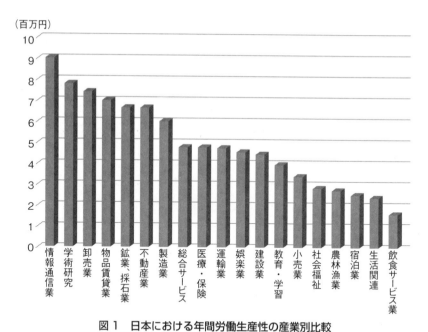

（百万円）

図1　日本における年間労働生産性の産業別比較
出所：総務省統計局、平成23年1年間の「従業者1人当たり付加価値額」の図をもとに改変。
http://www.stat.go.jp/data/e-census/topics/topi731.html

に対する必然性はなく、当然の帰結としてその市場は富裕層対象となり、市場は大きくない。一方、医療の場合、仮に頭痛がするといってもその原因は風邪から脳腫瘍までさまざまな要因が考えられる。診断および治療を施すためには専門知識がなければ対応できないため、コモディティ性は低い。加えて、病気になった場合、特に高度医療が必要な重病は個人の経済力や景気の良し悪しに関係なく治療を受ける必要があるため、難易度の高い医療分野であってもその市場は大きく、かつ医療行為に対する治療費の負担は経済的理由によって抑制される性格の支出ではない。

生産構造の相違

　第2の阻害要因は扱う財の特性に起因する生産構造である。一般的傾向として、有形財を扱う産業分野の付加価値率は高く、無形財を扱う産業の

付加価値率は低い。**図1**に、産業別の付加価値を示す1指標として、日本における産業別労働生産性を示す。この図を見ると、製造業のように、有形物を生産する産業の労働生産性は高いが、飲食、生活関連、宿泊、農林水産、小売業など、食が介在する傾向が高い労働集約産業は、サービスという無形財を扱うことが多いため、労働生産性が低くなる傾向にあることが確認できる。素材や食物は確かに有形財であるが、接客や調理といった人の介在するサービスが付随することが多いことがその要因である。換言すれば、食という生産対象物ではなく、サービスという生産システムの属性に起因する付加価値向上阻害要因を克服しなければならない。

技術の蓄積

　第3の阻害要因は技術蓄積の問題である。食ビジネスの場合、技能は属人的要素が強い上、技能を発揮する範囲は狭い。例えば、カウンター10席の焼き鳥店を経営する場合、当該店舗のマネジメント、焼き鳥の調理技能は数年の経験で一定水準に達する。仮に、当該店舗運営を効果的に行うため、何らかの研究開発投資を行ったとしても、当該店舗で得られる収益で研究開発投資を回収できない可能性が高い。その結果、飲食店のマネジメントは人間の経験法則による技能習得に頼らざるを得ず、質的な飛躍を実現するような技術集積がおこらなかった。当該環境下において食ビジネス従事者が質的価値向上の恩恵＝高い所得を得るために、彼らは技能を秘匿化し、ギルドや同業者組合を結成して技能の外部流出を防いだ。その結果、技術の標準化や機械化、ノウハウの公式化といった科学的・工学的アプローチを導入困難にする風土が形成され、技術蓄積による質的拡充が遅れたということができる。

4 質的拡充を実現するために

　前節で見たように、食供給システムの質的拡充を阻む主要因はコモディティ性、生産構造、技術蓄積である。これらの要因を解決していくために当然さまざまな方策があるが、本書では科学的・工学的アプローチを中心に考察していく。

　コモディティ性が高いことは、1 生産単位が社会に提供し、対価として得られる付加価値額が少ないということである。単純に、提供する食（食物、食事）の価格が高価であることが高付加価値化ではなく、提供する食の生産コストに対する付加価値高（粗利益高）が高いことが重要である。仮に100 円のおにぎりであっても、それを生産（または調理）するためのコストがより安いことは生産者に高収益、高賃金をもたらし、100 円よりも価値のある味を提供すれば、それは消費者にとっても意味のある付加価値である。いかにコストを抑え、付加価値の高い食を実現するための、価値設計のマネジメント（Food Design Management）が重要になってくる。

　食供給システムの質的拡充を阻害する生産構造上の課題は、無形財の特性および労働集約性である。食物という有形財にサービスという無形財を組み合わせて食事を提供する食ビジネス——特に宿泊、飲食がその特性が顕著であるが——の質的拡充を実現するためには、サービス財の特性に起因する低生産性問題を克服するために創出された学問分野「サービス工学」を適用することが求められる。食ビジネスのみならず、無形財（サービス）を扱うサービス産業の構成比が飛躍的に向上した先進諸国において、サービス産業の低生産性問題はすなわち国家の生産性低下を招来するため、その克服は国家的戦略に位置付けられている。アメリカでは 2004 年に「パルミサーノ・レポート」によってその問題が指摘され、日本では 2006 年の「経済成長戦略大綱」においてサービス工学の研究を戦略課題と位置

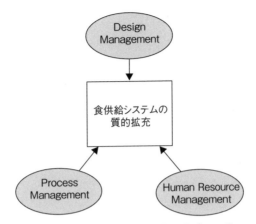

図2　質的拡充を実現するためのアプローチ
出所：筆者作成。

づけ、研究が急速に進展している[4]。サービス工学的アプローチによって食供給システムを再構築し、付加価値の高い食を供給する生産管理（Food Process Management）を確立する必要がある。

　また、技術蓄積上の課題を医食の分野で比ゆ的に表現すると、食は技能であり、医療は技術であるということができる。技能とは個人に属し、当該技能を修得した個人の身がそれを発揮できることをいう。技能は暗黙知であるためその表現が難しく、例えば寿司を握る技能は「舎利が船形に座るが、口に入れると"ぱらっ"とほぐれるように」といった暗喩的な表現で伝えられるため、公式化が難しい。一方、技術とは技能を言語やシステム、機械などのメディアを通じて公式化し、訓練を通じて高い再現性を可能にした分野である。例えば高脂血症の診断は、血中 LDL 値が 140mg/dL 以上であることであり、家族性高コレステロール血症はアキレス腱の幅が 9mm 以上であると定義され、血液検査やレントゲン、エコー検査といった機器や手法を用いることで、誰でも客観的に判断可能である。食供

4　一橋大学イノベーション研究センター 編『一橋ビジネスレビュー』「サービス・イノベーションの時代」東洋経済新報社、2006 年。

給システムの属人的技能を公式化するとともに、誰でも修得可能なシステムを構築するための人的資源管理（Human Resource Management）を構築することが求められる。これら3要素の俯瞰図を図2に示す。

5 食の価値創造——打破すべきトレードオフ関係

21世紀における食ビジネスの根本課題の1つは、労働生産性の質的拡充である。食に対して顧客が負担する価格はそれほど大きくはない。例えばおにぎり1個に対して顧客は100円程度しか支払わないであろう。しかし、単位重量当たりの価格という観点で見た場合、大根の価値は製鉄業の特殊鋼より高く、1製品単位で見た場合、おにぎり1個の価格はICチップの数百倍であり、決して付加価値の低いビジネス領域ではない。しかし、製造業の場合、一般的に技術力や製品価値と企業規模は比例するのに対して、食ビジネスは食品や料理といった製品の価値と企業規模がトレードオフの関係にあるため、高付加価値品の価値創造と規模の経済追及による効率化との両立を図りにくいという特性をもつ。

図3に、標準的な夕食1食を販売することで得られる付加価値額を縦軸に、当該ビジネスモデルの一般的な事業規模の傾向を横軸に取り、ビジネスモデルごとの価格と事業規模との関係を模式的に示す。図をみると、夕食1食当たりの価格が高い食事を提供する食ビジネスの事業規模が相対的に小さく、価格の安い食事を提供する食ビジネスの事業規模が大きいことが確認できる。代表的な食ビジネス区分別における最大手企業の売上を比較してみると、食品メーカー最大手のネスレは約3兆5,000億円、コンビニエンスストア最大手のセブン＆アイ・ホールディングスは約2兆9,000億円、ファストフード最大手のマクドナルドは約2兆4,500億円である（いずれも2017年、グローバル売上規模）。

一般的に、事業規模の大きいビジネスモデルには規模の経済の効用が働

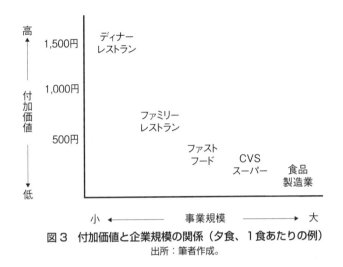

図３　付加価値と企業規模の関係（夕食、１食あたりの例）
出所：筆者作成。

くために労働生産性は高く、事業規模の小さいビジネスモデルの労働生産性は低くなる。つまり、労働生産性と事業規模とはトレードオフの関係にあるということができる。

　また、食ビジネスの労働生産性向上阻害の要因として、生産システムの問題が挙げられる。図３を見ると、夕食１食当たりの価格に対する人間の関与レベルに相関があることが理解できる。例えば、ディナーレストランでは調理師が配置され、ステーキや寿司、パスタなどを熟練の技で調理し、顧客に振る舞う。また、ファミリーレストランでは、セントラルキッチンで下処理を済ませた材料を使うが、調理工程は従業員が店で行い、顧客に料理が提供される。一方、ファストフードの場合は基本的に調理済の商品が店舗に納入され、従業員は単純な加熱や切断、包装工程を担当するのみである。CVSやスーパーの場合には原則調理工程はなく、納入された完成品を販売するだけである。食品製造業の場合には販売機能は存在せず、自社工場で食品を（主に機械で）加工するのみである。

　ここまでの分析で、食の価値創造を論じる場合に２つの方向性があるこ

とが理解できる。第1の方向性は、各ビジネスモデルにおける生産性阻害要因の克服である。ディナーレストランの労働生産性向上を実現するためには、付加価値を向上するための投入生産要素をいかに低下させるかを検討すべきであり、食品製造業の労働生産性をさらに向上させるためには付加価値を向上させていくかを議論すべきである。象徴的に2つの方向性を表現すると、ディナーレストランはいかに"無駄を省くか"を志向し、食品製造業はさらに"おいしく"を追究するべきであるということができる。当然、実社会における問題はこのように単純化することはできない。当然ディナーレストランもさらにおいしさを追究し、食品製造業もさらに効率的生産システムを構築するべきである。しかし、ここで理解しておきたいことは、おいしさと効率性を当然追求するのであるが、その力点の置き方に相違があるということである。

　1つの例として、日本人の主食であるコメを例にとり、2つの方向性を議論していきたい。コメは日本人にとって主食であるが、ビジネスモデルごとの投入生産要素と付加価値創出には、実にユニークなレバレッジが存在する。例えば、コメを主原料とした代表的ディナーレストランは寿司店であるが、高級店ともなると1貫1,000円、2,000円といった非常に高い価格が設定される。寿司1貫の標準的なコメの重量は15g程度であり、これを仮に1kgに換算すると、約67貫に相当する。仮に1貫2,000円と仮定すると、実に約13万4,000円という価格になる。一方、同じコメを主原料とした料理に丼があるが、例えば牛丼1人前のご飯は約200gである。牛丼の標準的な価格を400円と仮定すると、米1kgで約2,000円の売価になる。当然、両社ともコメのみが原料ではなく、魚や肉の原材料費も含まれるために単純比較するのは良くないが、肉や魚の価格は数倍、数十倍の差異がある。一方、主原料であるコメの価格にそれほど差異があるわけではない。しかし、なぜコメが「料理」になると、これほどの価格差が生まれるのであろうか？ そこに、食の新たな価値創造を実現し、付加価

値＝労働生産性を向上させるヒントが隠されているのである。

　第2の方向性は、規模的制約の打破である。たしかに、世界に冠たる名声店がチェーン化し、世界中に出店する意義が高いわけではない。その地にしかない価値が店のブランドを高め、事業が永続化する要因になるのである。かつては大規模化が事業成功の指標とされた時代もあったが、現代の環境下における事業成功のカギは企業の強さであり、持続性である。必ずしも大規模化戦略をとることが企業を強化するものではないが、マーケットがグローバル化した現代社会において、自社をグローバル化する、あるいは地理的に拡大する戦略をとりうるにもかかわらず、その手法が見いだせていない結果、大規模化できないということは、食ビジネスにとって適切な状況であるとは言えない。他産業を見ると、例えばエルメスは工芸品の最高峰ブランドの一つであり、その製品はバッグ1つで100万円という非常に高価な品揃えで展開している。しかも、エルメスはグローバル戦略を採用しながらラグジュアリーブランドを維持しており、2016年で売上高約6,300億円を計上している。エルメスは徹底した品質管理、クラフトマンシップ、ブランディング、模倣品排除のための流通網確立など、さまざまな戦略で高付加価値事業の大規模化という困難な課題を克服した。食ビジネスにおいても、このような方向性を実現可能にするイノベーションを実現しなければならない。

参考文献

T. Shimmura, R. Ichikari, T. Okuma, H. Ito, K. Okada, and T. Nonaka, *Service Robot Introduction to a Restaurant Enhances both Labor Productivity and Service Quality*, 12th CIRP Conference on Intel 12th CIRP Conference on Intelligent Computation in Manufacturing Engineering, 2019.

食 × 価値観

　"物理品質と知覚品質"というキーワードは、本書を通じて随所で出てくる字句である。食のユニークさは、良い品質であることと、その食事をおいしいと感じることとは別次元である点であろう。ウォッシュチーズの最高峰「エポワス」、東南アジアで人気のフルーツであるドリアン、近畿地方で食される古来の鮒ずしなど、その地域で名物といわれているもので強烈な個性の食品は枚挙にいとまがない。よく、「日本の夏の風物詩である蝉の声は、外国の人が聞くとただの雑音」といわれるが、食の嗜好と地域性は大きな関連が見られる。

　食の価値観を設計する場合、2つの方向性が求められる。製造業のようにグローバルマーケットのシェア拡大を志向するのであれば、前述のような地域性や個性を減殺し、良く言うと万人に支持され、シニカルに言うなら個性のない食をグローバルマーケットに投入することになる。一方、ある地域やある嗜好の客層に限定するのであれば、その粒度（概念の大きさ）に応じて専門性や個性を高め、よく言うと特徴のある、悪く言うならばその商品を好まないは避ける傾向のある食を提供することになる。

　「平準化か？　個性化か？」──この問題を感覚や感性だけで設計するのではなく、自らの経験に基づきつつも、深く人間の生理機能や心理機能を理解した上で設計することができる価値観創造者の出現が望まれている。

食デザインのマネジメント
Food Design Management

この Part で学ぶこと

　デザインという言葉は巷にあふれているが、正しくその意味が理解されていないのではないだろうか？　デザインと聞くと直感的に「意匠」と理解するが、外観だけデザインしても実際にその製品（食品や料理）を作ることはできない。レシピや盛り付けといった基本的なデザインのみならず、例えば消費者に受け入れられる価格設定、食品を安全に流通させるためのプロセス、わかりやすい食べ方の紹介文など、デザインはあらゆる分野の知見を動員して行われる必要がある。加えて、食に対する人の評価は評価者の経験や志向に大きく依存するため、人がどのように食を認知するのか、という要素をよく理解した上でデザインする必要がある。

　Part 3では、食のデザインに必要とされる基本的なデザイン用をについて学ぶとともに、実際の職位ビジネスでどのようにそれらの知見を用いればいいのかについて、具体例を挙げながら学習していく。

1 設計はデザインのこと？——設計とは何か

デザインという言葉を聞いて何を想起するだろうか？ 直観的に意匠（形状や色彩）を思い浮かべる人も多いだろう。確かに意匠はデザインの重要な一部であり、食分野においても食品のパッケージデザインやサラダの色合い、お皿の形など、食の価値決定に重要な要素である。一方、英語でDesign という単語を英和辞典で引くと、第一義的には「設計をする」という意味が強く、日本語のニュアンスと大きく異なることに気が付く。

「設計」という単語は工学分野で大きな意味を持つ。工学とは、「数学と自然科学を基礎とし、ときには人文社会科学の知見を用いて、公共の安全、健康、福祉のために有用な事物や環境を構築することを目的とする学問である」、と定義されている。[1] つまり、食分野における工学の使命は、自然科学を中心としつつ、人文科学、社会科学の知見を動員して、人類がよりおいしく、健康に良い、安全な食品を適正価格で享受できるような食供給システムを構築することである。

工学分野における「設計」とは、広義においては前述の目的を達成するための食供給システムを構築することであり、狭義においては前述のような食品を実際に設計することである。つまり、意匠は工学分野でいう設計の重要な一部ではあるが、視覚的に良い食品をデザインすることだけが目的ではない。

食を工学的な観点で設計する場合、どのような要素を考慮すればよいのであろうか？ さまざまなアプローチがあるが、ここでは価値創造という観点で整理してみたい。第1の観点は意匠を含む、食品自体の設計である。

---

1 工学における教育プログラムに関する検討委員会「8大学工学部を中心とした工学における教育プログラムに関する検討」（PDF）、1998 年。http://www.eng.hokudai.ac.jp/jeep/08-10/pdf/pamph01.pdf

色彩や形状のみならず、使用する材料や調味料の配合、食品の硬度やフレーバーなどを設計する「製品設計」という一言に凝縮される。また、食品は生命維持に必要なカロリーや栄養摂取など、生命維持機能以外にもさまざまな目的を持つ。同じパンであっても朝食を手早く済ませるためのパン、午後のお茶会にいただくパン、バーで酒のつまみにたしなむサンドイッチのパンも、同じくパンである。つまり、製品（食品）は使用目的に応じて満たすべき効用があり、その効用を設計することが「機能設計」である。

　一方、製品は社会で実際に使用されてこその価値を実現できる。仮に朝食用のパンを設計するとして、味や健康などの機能を過度に付加した結果、1つ1,000円の価格設定になった場合、そのパンは十分な収益を確保し、市場を創造できるだろうか？　当然、今まで市場にない価値を求め、その価格を支払う消費者は一定数存在する。一方、多くの場合類似製品と競合する市場環境で、競合製品機能や価格を意識して価格設定をしなければならない。つまり、当該食品が市場における競争優位確立のための原価や売価を定める「コスト設計」が重要になってくる。しかし、栄養の摂取効率もよく、味や風味もよい朝食用のパン1つを売価100円、原価50円と定めたとしても、その価格、機能を実現することが可能であるという担保はどこにもない。小麦の産地から製粉工場、パン工場を経てスーパーに納品する流通経路や、小麦粉の配合やバターの精製などの加工工程を組み合わせつつ、設計された価格と機能を実現する「工程設計」が重要になってくる。

　図1は、設計の要素を模式化したものだが、製品設計、機能設計は製品の価値創造の要素であるため分子に、価格設計、工程設計はその価値を実現するための投入要素になるので分母に当たる。つまり、設計とは食品（製品）の価値創造と、それを実現するための投入要素とで構成されるということができるため、価値を最大化するには可能な限り価値を大きく、投入要素を少なくする、という2つのアプローチを個別に、または複合的に採用することが求められる。

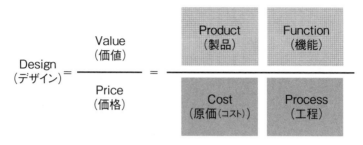

図1 Value を高めるための要素＝デザインの対象
出所：筆者作成。

　価値を最大化し、投入要素を最小化するためにはどのようなアプローチ
を取ればよいのか——個別の方法論は後述するが、ここではどのように設
計を進めていくべきなのかについて概説する。絵を描く場合に例えて考察
しよう。絵を描く対象物を前にして、キャンバスにいきなり着色するよう
なことはしないであろう。まず画用紙に鉛筆などでデッサンを起こし、次
いで簡単に着色して雰囲気をつかみ、構図や色調を確認してからキャンバ
スに向かうであろう。食においても同様の工程を経て最終的なアウトプッ
トである食品や料理を設計していく。その過程をここでは「概念設計」「概
要設計」「詳細設計」の3段階に分けて説明する。

概念設計

　概念設計とは、具体的な食品や料理を考案する前に、その商品で実現し
たい目的を抽象的にデザインすることである。例えば、アサヒビールは自
社ビールの製品設計過程で市場調査を繰り返し、今後求められるビールを
「コクがあるのにキレがある」ビールだと結論付けた。当然、この段階で
具体的な味が決まっているわけではなく、消費者がビールに求めるイメー
ジを言語化したものである。ここで重要なことは、消費者に提供する製品
の価値には、製品自体の計測可能な、物理的な価値である「物理品質」と、
製品を通じて消費者が認知する「知覚品質」の2種類が存在するというこ

とである。例えば消費者が車を購入する場合、燃費や車幅、価格といった物理的な要素だけを検討して購入するわけではなく、格好良い、安全、運転しやすいなどの心象的な判断が購買行動に重要な要素となる。顧客が食品の消費を通じて何を得たいと考えているのかという、無意識下にある抽象的なニーズを言語化していくプロセスが概念設計上重要となってくるのである。市場調査による定量的・定性的情報収集や分析といった社会科学的アプローチのみならず、テキストマイニングや認知的エスノグラフィーなどの自然科学的アプローチ、また言語自体の持つ意味の解釈といった人文科学的アプローチを統合的に動員することが求められる[2]。

概要設計

　概要設計とは、概念設計で得られた抽象的な設計を、食品や料理の形に落とし込んでいくプロセスである。前述のアサヒスーパードライの場合、「コク」「キレ」というキーワードをビールの味として具体化するため、ビールの製品プロトタイプを設計する必要がある。例えばアルコール度数や糖度、苦みの割合といった製品設計や、競合他社や自社製品に対してどの程度の価格設定を行うべきかといった検討が行われる。この段階では、「製品」「機能」「価格」「工程」の4象限についてある程度具体化し、机上の検討を経て試作を繰り返すことで概念と製品とのフィット＆ギャップ分析を行う。例えばビールのコクは味の濃さや深さ、豊かさであり、それは麦芽に含まれる糖分やアミノ酸の含有量等で決定される。このように各設計の要素を変数化しつつ、適切な数値を技術的に実現可能にすることが重要である。

2　フィリップ・コトラー『コトラーのマーケティング・マネジメント――ミレニアム版』ピアソン・エデュケーション、2001 年。

詳細設計

詳細設計とは、食品や料理を実際に製造するためのファクターをすべて記述するプロセスである。例えばビールの場合、売価は 350ml のアルミ缶で 220 円、アルコール度数は 4.5% で糖度は 9%、北海道産のホップを使用する、といった具体的スペックに落とし込まれ、かつそれが持続的に生産（または調理）可能な状態に担保されることをいう。この段階では、数値化や要件定義といった技術的な要素に加え、取引先との交渉やバリューチェーンの構築といったマネジメント要素が製品実現化にとって重要な鍵となる。

2 食の「製品」——食は口だけで味わうものではない

製品（Product）は有形物としての製品を指す語である。車、パソコン、時計……世の中では無数の製品が設計、供給されている。食品も広義では製品の範疇であり、その設計はほかの製品と変わることがない。概念設計→概要設計→詳細設計を経て具体的な食品や料理が生み出される。しかし、食品や料理の品質は、人間の知覚といった内的要因、同行者や周囲の環境といった外的要因によって大きく異なる。外的要因と食の設計は次節に譲り、ここでは消費者の内的要因と食の製品設計について概説する。

素　材

食の Product を構成する第 1 の要素は素材である。材料である食物を単独で、あるいは組み合わることで消費者が喫食する食品または料理が生み出される。肉や魚、野菜などの自然物はもちろんのこと、近年では大豆由来の肉類似素材、繊維由来の麺などの人工物も素材として重要な役割を果たす。素材の選択は単独の料理のために選択されるわけではない。家庭内

であっても、例えば揚げ物の付け合わせだけのためにキャベツ1玉を購入することはない。複数料理への適用、日持ちなど、全体構成の中で食材を選択する。

　食材の組み合わせによっておいしさは変化するため、その検討は重要である。例えばうまみ成分であるグルタミン酸、イノシン酸、グアニル酸は単独で食べるより、複数組み合わせたほうが旨みが増す。例えば昆布のグルタミン酸とかつおのイノシン酸は有名な組み合わせであるが、この組み合わせは無数に存在する。また、甘味、苦味、酸味、辛味も単独ではなく、複数組み合わせることが重要である。例えば寿司は辛味と酸味（醤油と酢）、魚の煮つけは甘味と辛味（砂糖と醤油）の組み合わせである。

加工・調理工程

　第2の構成要素は加工・調理工程である。プチトマトなど、素材をそのまま食べる場合もあるが、本節では料理の定義から外して検討する。例えばサバの棒寿司を設計する場合、サバは原体で使用するのか、港で三枚に卸したサバを購入するのかによって、原価や品質は大きく異なる。銀座の高級寿司店で使用する場合、近海で釣り上げたサバを生け簀に入れた状態で店に納品し、店主が自ら魚を卸し、棒寿司用の上身に加工する。当然、商品価値が向上する一方、製造原価は高い。一方、地方のスーパーで使用する場合、水揚げ後に港でフィレに加工し、冷凍保存したサバを店に納品する。当然、製造原価は安くなるが、商品価値は相対的に低下する。顧客が知覚する品質に対する効用（満足）が、顧客が負担する金銭的コストの負担感を上回ることができるのかを考慮し、設計することが重要である。

　調理工程設計とは、料理の価値向上プロセスの組み立てを行うことである。調理自体の工程設計は他書に譲り、ここでは顧客の知覚に絞って考察する。例えば松坂牛ステーキの調理工程を設計する場合、価値向上プロセスである「焼き」をどの時点に置くかということが重要である。仮にキッ

チンでシェフが焼く場合、高スキル技術者が調理するために絶妙の火加減で焼かれるが、完成後いつ顧客が食べるかわからないため、料理が冷めてしまうリスクが発生する。冷めることを回避するためにカウンターの鉄板焼きスタイルを採用し、顧客の要求に応じて焼く場合、シェフ１人で対応できる顧客数に制限がかかるため、料理の単価は高く設定せざるを得ない。一方、シェフが肉を焼くライブ感やフレーバー、焼ける音のシズル感が五感に働きかけ、顧客が知覚する品質に正の影響を及ぼす。顧客が食べたいタイミングで焼き上げることを目的として、炭床などの熱源を顧客側に渡して顧客が自分で焼くスタイルもよくみられる。この場合は料理の価格を低く抑え、かつ顧客は焼く工程で出る香りや音を楽しみ、自分好みの焼き加減にできるため、知覚品質は向上するが、顧客のスキルによって品質が下振れする可能性をはらむ。

意　匠

　第3の要素は意匠である。人間は料理を食べるときに主に口で味わうが、五感を総動員して味を知覚している。特に、視覚情報は人間の知覚に大きな影響を与える。仮に顧客がアイマスクをしてミートスパゲティを食べた場合、香りや味のみで正確に料理名を回答することは、容易なことではない。商品の外見的特徴である意匠の設計は、ある意味素材と同等、あるいはそれ以上に検討されなければならない（写真１）。

　例えば色彩は食欲に大きく影響する。古来中国では、赤、青、黄、白、黒の五色を苦味、酸味、甘味、辛味、鹹味の五味に対応させるなど、色に意味を持たせてきた。近代以降、色と人間の知覚に関する研究も盛んに行われ、赤や黄色の暖色系は食欲増進を促進し、料理に青みを足すと料理に対して清涼感を感じる傾向にあるなど、さまざまな知見を蓄積してきた。

　また、食品の包装容器や料理を供するための器なども料理の知覚品質に大きな意味を持つ。例えばレトルトカレーのパッケージを設計する際、高

写真 1　サラダ――意匠設計の相違
出所：筆者撮影。

級感を感じてほしいのか、親しみやすさを感じてほしいのか、子供に親しんでほしいのかによって、包材の紙質、採用する写真や絵、パッケージに添えるキャッチコピーなどの要素は大きく変わってくる。また、カレーをさらに盛り付ける際も、高級洋食店で食べる 2,500 円のカレーと、学生食堂で食べる 500 円のカレーとでは、異なる皿を採用するであろう。

提供方法

　第 4 の要素は提供方法である。例えば前菜、サラダ、パスタで構成されるパスタランチを設計する場合、どのように顧客に提供するのかによって料理の意味や価値は異なる。1,200 円で気軽に楽しめるランチの場合、大きめのワンプレートに盛り込み、提供速度を確保しつつサービスコストをかけない方向で設計するであろう。一方、5,000 円であらたまった会食などに提供する場合、少なくとも前菜とメインを同じタイミングで提供せず、少なくとも 2 回、多くの場合は 3 回に分けて提供するであろう。このように、提供方法は料理の持つ意味に少なからず影響をおよぼす。

　提供回数以外にもさまざまなファクターが存在する。例えばパスタにチーズを絡める場合、シェフがフライパンやボウルを用いてキッチン内でチーズを絡める場合もあるが、顧客に臨場感を味わってもらいたい場合、

大きいチーズのブロックに穴をあけ、熱いパスタを穴の中に入れてかき混ぜることにより、パスタの余熱で溶けたチーズを絡める場合がある。双方ともに同じチーズを用いる場合、パスタの味が異なることはないが、提供方法の相違によって顧客が知覚する品質に大きな違いが出ることになる。

　また、料理のプロセスに対する顧客参加も重要な設計要件である。サービス・ドミナント・ロジック（service-dominant logic）によれば、製品やサービスがその価値を生むためには顧客の参加が必要であるとしているが、料理も少なくとも顧客が食べるという行為を伴わないと、料理は意味をなさない。加えて、顧客が調理工程の一部に参加することにより、その料理の価値が上がることもある。例えば手巻き寿司は、寿司を食べる行為と同様に、皆で寿司を作る行為自体を楽しむし、鍋類は顧客が自分たちで鍋を炊く行為を通じてコミュニケーションを深め、場を楽しむのである。また、食品メーカーであっても顧客参加を設計することは重要である。例えばパイを完成形で販売することもできるが、冷凍パイ生地を顧客が購入し、面倒なパイ生地作りの工程を省きながらパイづくりを家庭で楽しむような商品を提供することができるのである。

3 食の「機能」——目的を明らかにし、パラメータを設計する

　食の本来的な目的は生命維持である。人間が必要とする全ての栄養素を体内で製造できない以上、体外から栄養を摂取する必要性があった。しかし、人間にとって食物摂取が生命維持目的のみであれば、食は現代のように多様な機能を持たなかったはずである。人類は長い年月をかけて食を「モノ」ではなく「コト」にした。そのために食に与えられた機能について概説する（図2）。

3　田口尚史『サービス・ドミナント・ロジックの進展』同文舘出版、2017年。

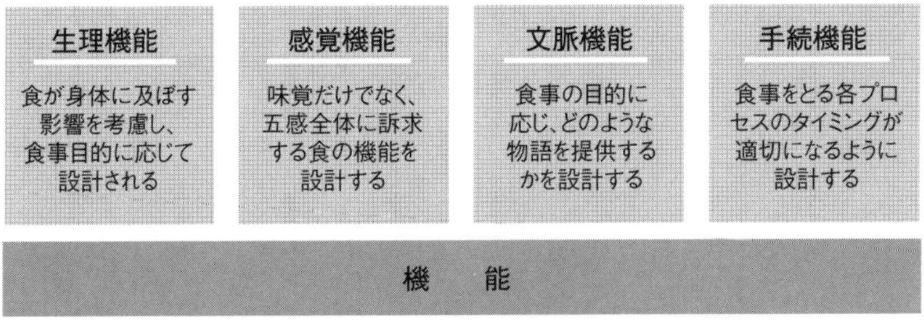

生理機能	感覚機能	文脈機能	手続機能
食が身体に及ぼす影響を考慮し、食事目的に応じて設計される	味覚だけでなく、五感全体に訴求する食の機能を設計する	食事の目的に応じ、どのような物語を提供するかを設計する	食事をとる各プロセスのタイミングが適切になるように設計する

機　　能

図２　機能設計の要素
出所：筆者作成。

生理機能

　第1の機能は「生理機能」である。食物が人間の生理的機能にどのような影響を及ぼすのかを考慮して設計する必要がある。人間は経験法則でその重要性を学んできた。例えば西洋には食前酒、食後酒を飲む習慣があるが、前者は食欲増進、後者は消化促進効果の高い酒を選択する。これらの酒は単なる娯楽目的ではなく、人間の生理的機能を考慮して供されるのである。また、コメを供する場合、おにぎりは1つ180kcal程度で、主に糖質を素早く摂取することが目的である。これがお粥になると、病み上がりで胃腸が弱ったときに効率よく糖質を摂取するために柔らかく炊き込む。栄養学や調理学などの知見を動員し、食の目的に応じて適切な素材や調味料を選択し、加工工程を決定する——これが栄養という観点における食の機能デザインにおいて決定されるべき要因である。

感覚機能

　第2の機能は「感覚機能」である。栄養価が高く、摂取効率がよい食ということと、その食を人が喜んで食べるかということは別問題である。人は口から食物を摂取するが、食事の際は視覚や嗅覚、触覚などを総動員して味わう。食が体や心にどのような影響を及ぼすのかを考慮して設計されなければならない。例えばサラダを考案する場合、葉野菜だけではなく人

参のオレンジ、パプリカの赤や黄色など、色彩を考慮すべきであり、くるみの実や揚げたパオピン（薄餅）をトッピングするのは野菜の柔らかい食感に対してクリスピー感を付与するためである。また、皿とのコーディネーションや盛り付けなど、視覚的プレゼンテーションも重要であるし、ドレッシングや野菜の香りといった要素も食欲に大きな影響をもたらす。さらに、食材や皿の温度は、サラダの鮮度や味の感じ方に大きな影響を及ぼす。

文脈機能

　第3の機能は「文脈機能」である。食は、あらゆる場面で重要な役割を果たす。例えば結婚式やお通夜などの冠婚葬祭では必ずと言っていいほど食事がふるまわれ、国家首脳会談では食事の回数や格式が重要な外交メッセージとなる[4]。その食事がどういった場面で提供されるのか、目的に沿った食事のストーリー設計が重要である。例えば寿司をふるまう場合、接待を兼ねて懇親を深めたいのであれば改まった個室ではなく、カウンターに並んで肩を寄せ合って食事する場合も多い。かつてオバマ大統領と信頼関係を築くため、安倍首相は官邸や迎賓館での食事ではなく、銀座の寿司店で二人並んで寿司をつまむという選択をした。一方、家族団らんで楽しく食事をする場合、銀座の寿司店ではなく、子供が騒いでも周りの空気を壊すことなく、かつ気軽に楽しめる回転寿司を選択するであろう。食のデザインを行う場合、料理だけではなく、その会食の目的である動機、どのような人が利用するのかという客層、なぜその食を選択したのかという選択基準に沿って設計する必要がある。サービス工学でいうところのスクリプト（Script）に相当し、物語の台本が食事の雰囲気も良くも悪くもしてしまうのである。

4　榊原英資『食がわかれば世界経済がわかる』文藝春秋、2006 年。

手続機能

　第4の機能は「手続機能」である。食事は必ず時間を伴うものであるため、調理、提供のタイミングが重要な要素となってくる。コーヒーを飲む場合を例にとってみよう。昼食休憩時で時間がないなか、急いでコーヒーを飲みたいのであればファストフード店か、コーヒーショップを選ぶ。待つことなく素早くコーヒーを受け取り、少しでも長くコーヒーを飲みながら休憩したいであろう。しかし、友人や重要なパートナーと込み入った話をしたい場合、コーヒーを早く提供することが大切ではない。着席した時にそっとメニューを手渡され、オーダーが決まればその雰囲気を察した従業員が静かに近づいて注文を取る。おいしく淹れられたコーヒーが会話を邪魔することなく、静かに提供される。時折状況を確認しつつ、さりげなく追加の要否を従業員が確認する。サービスマーケティングでいうProcessが、食事の価値を時には高め、時には台なしにしてしまう[5]。

　食をデザインする場合、これらの機能設計を統合して行うわけであるが、それぞれの産業分野でそのウェイトは異なる。ここでは製造業、小売業、サービス業の3分野に分類し、分類ごとの重みづけ、および機能設計を検討する。

　飲料や冷凍食品メーカーのような製造業の場合、消費者が実際に食べる場面の設計まで関与することはできない。ゆえに、代表的な消費者像であるペルソナを作り、ペルソナがその食品を利用する文脈および手続きを想定し、それに基づいて製品設計する。例えば主婦が家族のお弁当を作るために冷凍食品のコロッケを購入する場合、毎朝限られた時間帯で手早く、かつキッチンを汚すことなく調理することを想定するであろう。そのため、油を使わずに電子レンジによる短時間加熱を実現し、かつ弁当の具材とし

5　クリストファー・ラブロック、ヨッヘン・ウィルツ（C. Lovelock, J. Wirtz）（白井義男、武田玲子 訳）『ラブロック＆ウィルツのサービス・マーケティング』ピアソン・エデュケーション、2008年。

て適切なサイズ、例えば3cm × 5cm角に設計するであろう。かつ、日常食ゆえに栄養バランスを考慮し、ローカロリーやノンオイル、かつ大豆由来で肉食感のある素材を選択し、調理と食事の時間経過に耐えられるクリスピー感のある衣を開発するであろう。つまり、文脈、手続機能はあくまで想定であり、実際に設計するのは主に生理、感覚設計ということになる。

　百貨店やスーパーのような小売業の場合、製造業が設計した商品、または共同開発した商品を調達するため、生理、感覚機能の設計は行わないか、または受動的な場合が多い。一方、小売業の場合は消費者とのインターフェースである店舗が存在するため、消費者の食事シーンを想定した売場設計が重要である。例えば鍋シーズンの売り場を設計する場合、家族のだんらんを想起するようなディスプレイ、簡単においしいお鍋をいただけるように料亭とコラボしたメーカーの鍋出汁もあわせて仕入れ、核家族や単身家族にも対応する具材のバリエーション、おしゃれなレンゲやお椀のコーナーなどを組み合わせ、簡単レシピが気軽にダウンロードできるQRコードを貼り出しておく。つまり、小売業では文脈設計が重要になる。

　ホテルやレストランのようなサービス業の場合、消費者は店舗で実際に食事を摂るため、店舗空間自体が商品の一部である。また、サービスは従業員が行うため、サービスプロセスは顧客満足にとって重要である。さらに、通常外食は家庭内食よりも高価であり、かつ比較的ハレの場で利用されることが多いため、おいしさに対する消費者の期待は高い。例えば飲食店の設計をする場合、まず想定される消費者の利用文脈に沿って店舗や設え、什器備品の選定を行い、空間設計を行う。次いで、利用目的に沿った料理や飲料の組み合わせを検討し、個別の商品ではなくメニュー全体の構成を設計する。さらに、個別料理の設計においては可食量と注文数、料理ジャンルのバランス、使用食材の品種と収納スペースなどが考慮され、おいしい商品を待たせずに提供する調理工程が設計される。つまり、サービス業では文脈設計に基づいた手続、感覚機能の設計がポイントとなる。

4 食の「価格」——効用の追求と、予算の制約

　価格は食の経済的価値にとって最も重要な概念である。食自体の価値を追究する場合、調理技術やノウハウといったソフトウェアの要素を除外すれば、素材、調理法、付け合わせ、皿など、全ての要素にコストをかけることで容易に実現する。しかし、経済的な意味を持った食、すなわちビジネスにおける価値媒体としての食に限定した場合、当該料理または食品の価値が、顧客の負担するコストの範囲で収まっているのか、逆説的に言えば、顧客が負担するコスト以上の価値を持っているのかが重要になってくる。これを商品の価値（Value）という。

　合理的に考えれば、価格はコストと比例するはずである。仮に100円、200円のおにぎりがある場合、顧客の支払うコストに対しておいしさは2倍になるはずであるが、しかし現実はそう単純ではない。人間の感覚を記述すると1次関数のように直線的ではないのである。例えば、1ℓの水に100gの砂糖を溶かした時に感じる甘味と、200gに増加した時の甘味は2倍になるわけではない。これを料理に当てはめてみよう。100gのご飯で作った100円のおにぎりに対し、200gのご飯を使えば200円の価格設定ができるだろうか？　また、1kgあたり300円の米で作ったおにぎり100円に対し、1kgあたり600円の米を使えば200円の価格設定が可能だろうか？　かけるべき原価と、顧客の感じる効用のバランスをよく検討して価格設定しなければならない。本節では、原価を材料費、人件費の2項目に分類して検討する。

材料費

　原材料価格は食物であるが、製造業と違い、その価値は時間によって大きく変動する。鉄鉱石とシラスを例にとって考えてみよう。当然、価格は

需要と供給との関係で決定される。鉄鉱石であろうとシラスであろうと、価格は刻々と変動するが、ある時点で素材を購入すると、原材料価格は購買時点の価格で決定される。鉄鉱石の場合、購買後品質が大きく変化するわけではないため、その原材料価格も（標準原価計算で異なった価格で評価されようとも）大きく変化することはない（一定性）。一方、食物の場合は品質の経時変化が早いため原価は大きく変化する。例えばシラスの場合、生食用の鮮度であれば高い価格がつくが、1日経過すると品質が劣化するため、釜揚げシラスに加工しなければならない。当然、同じシラスであっても販売価格は大きく変わるため、原材料としての価値は大きく下がる。その結果、シラスの原材料価格は同じでも販売価格が大きく下がるため、釜揚げシラスの原材料費率は大きく上昇してしまう（変動性）。

　食の原材料価格がユニークなのは、上述のように経時変化で価値が下がるだけでなく、価値が向上する場合も多いことにある。例えば関東地方では、刺身用の魚を水揚げ初日で提供するのではなく、数日間寝かせることで熟成を促進し、イノシン酸の旨みを引き出す傾向にある。また、刺身用のマグロの場合、水揚げした瞬間は魚体が死後硬直で硬い上、腹にある脂身（トロ）が身に回っていないため、トロの部位が少ない上、トロ部分の油がきついので数日間熟成させる必要がある。経時変化に伴う価値の変化を考慮して原材料価格を決定しなければならない（**写真2**）[6]。

　　　中トロの原材料価格＝原体価格 ÷ 歩留率（1）
　×　　d日経過後の中トロの体積 ÷ 可食部分の体積（2）
　×　　d日経過後の価値（±）（3）

食の材料費をもとに価格設定を検討する場合、食を提供する地域の食習

6　朝倉敏夫・井澤裕司・新村猛・和田有史『食科学入門——食の総合的理解のために（シリーズ食を学ぶ）』昭和堂、2018年、第6章。

写真2 ⊛水揚げ2日経過後のマグロ、⊛水揚げ4日経過後のマグロ
出所：筆者撮影。

慣も重要なテーマである。ある食材が世界中で同様の評価を受けることは
まずない。例えば関西で鱧は夏場の食材として有名ではあるが、関東では
それほどポピュラーな食材ではない。また、イタリアではウサギを食用に
供するのは一般的であるが、日本で食用にされることはあまりない。また、
地域によっては喫食方法が大きく異なる。例えばアメリカのある地域では、
炊き上げたご飯にカフェオレをかけ、シリアルとして朝食に供される。日
本の食習慣から見れば奇異にも映るが、コメに対する考え方が違う地域か
ら見ればこのアプローチは奇異ではない。このような地域や国の違いによ
る食材評価の相違を考慮して、原材料価格に対する販売価格を設定する必
要がある。

人件費

　人件費の中身は、製造業とサービス業とで大きく異なる。食品製造業の
場合、食品は主に工場で生産されることが多いため、介在する人のスキル
によって品質が大きく異なることはない。例えばレトルト食品や飲料、缶
詰を食べた時に、生産に介在した人のスキルによる品質の違いを考える人
は皆無であろう。この場合、工場に勤務する従業員の人件費は、当該製品
の生産に直接関与した従業員の人件費を直課し、品質管理や間接部門を担

当している従業員の人件費を一定のルールに従って配賦することになる。例えば、100人勤務（うち間接部門10名）する食品工場で、30人が直接生産に従事する食品A（生産金額構成比40%）の人件費は、30名分の人件費＋（間接部門の人件費×40%）で人件費を求めることになる。その人件費をもとに、適正価格を決定する。

　サービス業の場合、人件費の評価は大きく異なる。例えばホテルの寿司店で食事をする場合、その品質は調理する人の技術によって大きく異なる。その上、顧客が知覚する価値は誰が調理するのかによって大きく変化する。やはり、長年の修業を経た板長の前で食べる寿司は、若手従業員の握る寿司よりも価値を感じるものである。しかし、顧客が支払う価格は板長であっても、若手であっても同一である。また、顧客にとっては、原材料は同じでも人の違いによって生じる価値の差がリスク要因となる。あるセグメントのサービスでは、サービス提供者の相違によって価格設定を変えることもあるが、食サービスの場合、一物一価が基本である。従業員スキルの相違に起因する価値変動を考慮して価格を決定しなければならない。

　加えて、サービス業の場合は生産者だけではなく、サービスを行う従業員によって価値が大きく異なる。仮に全く同一品質の料理を顧客に提供する場合、ホスピタリティーの豊かな従業員がにこやかな笑みを添えて提供する場合と、残念ながらそれほどサービス精神豊かではない従業員が無表情に提供する場合とでは、その価値は大きく異なる。さらに、生産（調理）の場合は従業員の経験年数がある程度スキル指標になるため、業界の在籍年数に応じて経験的に決定された人件費単価と保有スキルに何らかの相関があると思われるが、サービスの場合はその相関はより薄い。レストランで、経験豊富な店長が最もぞんざいな態度をとって顧客から不評を買う一方、入店半年のアルバイト従業員が一生懸命顧客に接して、高い評価を得る、という光景はしばしばみられることである。

　サービス業において、人件費計算をもとにして価格設定を行うのは、製

造業より困難である。ゆえに、人件費計算も重要であるが、従業員別の人件費を決定する賃金制度やボーナス、その他さまざまなインセンティブ制度や、どのような人材がハイサービスを提供するのか、良い料理を作る従業員なのかを定義し、能力に応じた昇進や人事配置を実施する人事制度の設計が重要なファクターである。そして、本来あるべき保有スキル人件費と実際人件費のギャップを考察し、その解消に向けて中長期的な視点で人事を行うことが、人件費の設計上重要な戦略である。

5 食の「過程」——価値はどのように実現されるのか

　自然物である食材を何らかの方法で加工し、人工物としての料理や食品に仕上げるためのビジネスが食ビジネスである。加工プロセスは、食材の持つ本来価値に対して最大の付加価値が創出されるように設計する必要がある。仮にバナナのようにそのまま食べることが多い食材であっても、食べるときの品質を考慮し、収穫後はおおむね13℃から14℃の間で管理してコンテナに積載される。バナナは植物防疫法により熟成させた状態で輸入できない。ゆえに、青い状態のまま輸送され、荷揚げ後、熟成を促進するためにエチレンガスを吹きかけて5日程度保管される。このように、食材の収穫後どのような加工プロセスを経るのかということが食品や料理の品質に大きな影響を及ぼすのである。本節では、そのプロセスを場所、時間、温度、加工の4つの観点で検討していく。

場　所

　場所とは、収穫後顧客に提供されるまでの食材輸送過程で、どこで加工し、どのように価値を創出するかという観点である。例えば、高級料亭で魚の煮物を調理する場合、活きのいい魚を水揚げ当日に地元の市場に買い付け、即座に冷蔵トラックで輸送して店舗に納品する。店舗では、高い技

能を持った職人が魚を下処理し、顧客の注文を受けてから煮つけに仕上げて顧客に提供する。非常に付加価値の高い料理に仕上がる一方で、価格も相応に高くなる。一方、業務用の魚の煮つけを調理する場合、魚を海外の漁港で水揚げ直後に冷凍し、コストの安い国に輸送して食品工場で業務用の煮物に加工する。その後、温度管理された流通経路で卸業者から小売店へと運送され、店舗において電子レンジなどで加熱され、皿に盛り付けて顧客に提供する。このプロセスであれば製造原価は安いことが利点であるが、品質は高級料亭のそれに及ばないであろう。

加工プロセスを検討する際、この製造原価と品質のトレードオフの関係を再構築し、より安く、より付加価値の高い加工工程をデザインしなければならない。その際に重要なのは熟成プロセスである。かつてコールドチェーンが確立されていない時代は、腐敗防止のために収穫後すぐに保存処理を行う必要があった。しかし近年、産地から消費地までのコールドチェーンが確立されたため、食材移動の自由度が格段に向上した。その結果、収穫時点から消費までの間にどのような加工プロセスを組むべきかについて、飛躍的に選択肢が増加した。例えば、玄界灘の魚を九州に荷揚げして加工すべきなのか、韓国に荷揚げして現地で加工し、日本に輸入したほうが良いのか、このような複数のオプションを検討し、食品に求める品質や価格にフィットする加工プロセスを選択することが可能になる[7]。

時　　間

時間の概念は食ビジネスによって生産性と密接な関係にある。かつての飲食店は、原則顧客の注文を受けてから調理していたため、同時性の高い製品ということができる。技術革新と産業革命は、食分野における料理の同時性を下げる方向に作用した。食には瓶詰や缶詰、近年ではレトルト食

7　新村猛、赤松幹之「飲食店加工商品の味と調理プロセスの最適化」『人間工学』Vol. 46、No. 3、208～214頁、2010年。

品やフリーズドライなど、さまざまな技術が開発されている。これらの技術を活用し、食品工場で大量生産した食品や料理を在庫し、需要発生時に出庫するモデルは、製造業モデルそのものである。製造系の企業は、料理の同時性を下げる方向でプロセス設計をすることが基本である。

　しかし、価値の概念の変化は製造業にも大きな変化をもたらしている。品質維持のための加熱工程は、殺菌作用がある一方、食品の風味を損なう可能性がある。また、防腐剤やpH調整剤などの添加物は、仮に安全であっても顧客が不安になった場合、「安心」というハードルをクリアできない。また、大量に供給されるコモディティ性の高い商品に対してではなく、流通量の少ない商品に価値を見出す顧客層も増加している。かつてマーケティング理論は、入手容易性をPlace、Convenienceという概念で説明していたが、現代では利便性とともに入手困難さがかえって価値を生む時代になっている。この潮流の中で、数量限定の食品や料理は、生産ラインを組んで食品や料理を生産しても当該生産品の収益で減価償却を負担できないため、結果論としてカスタムメイド、ハンドメイドにならざるを得ない。むしろこれを活用し、高品質でそれほど賞味期限が長くないことを価値とした製品づくりも重要になっている。

　その最たるものはサービス産業である。高級な飲食店やホテルダイニング、旅館の食事は、サービスの同時性を向上させ、顧客の目の前で調理をし、供給量が少ないことを価値にしているサービスも多い。21世紀に入り、顧客に調理風景を見せるカウンターやオープンキッチンの概念を1歩前に進め、顧客を調理する場所に招き入れ、シェフが料理すること自体を価値にしたシェフズキッチンが導入されている。料理とともに、調理する時間自体が商品価値を持つ形式ということができよう。

温　度

温度は2つの意味において重要である。第1の意味は保管温度である。

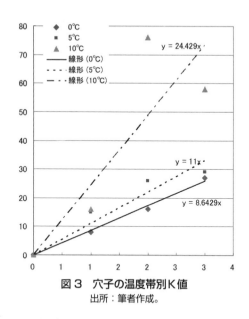

図3 穴子の温度帯別K値

出所：筆者作成。

食材の熟成がプロセス設計にとって重要であることはすでに述べたが、熟成のスピードは経過時間だけではなく、時間によっても規定される。図3に穴子の温度帯別のK値（イノシン酸熟成度を表す値）進行を示したものを示す。図を見ると、低温で保管された穴子の方がより遅く熟成進行し、温度は高くなるにつれてK値の上昇は速くなる。つまり、保管温度の制御によって熟成進行を管理できるため、どの温度帯で保管し、運送するかということはプロセス設計にとって重要な検討事項になる。その温度帯管理を確実なものにするため冷蔵庫や運送用保冷車の庫内温度を計測し、PCやスマートフォンで常時確認、追跡できるシステムもすでに実用化されている。設計された温度帯通りの管理状況なのか、実際の状況をトレースして品質を担保しなければならない。

　第2の意味は調理時の温度である。例えば肉を焼く場合、肉を構成するたんぱく質の種類によって変性温度は異なる。ミオシンは約50℃、コラーゲンは約56℃、アクチンは約66℃で変性する。ミオシンが加熱によって

変性すると、生肉特有の高弾力な歯ざわりから、肉が焼けた時の歯切れの
よい食感に代わり、かつうまみが増す。一方、加熱温度を 66℃ まで上昇
させた場合、アクチンが変性するとともに肉汁のドリップが始まり、肉が
凝固して旨みが減退する。ゆえに、ステーキなどの肉を加熱調理する場合、
調理目的に従って加熱温度を制御することが求められるのである。

加　工

　加工とは、各プロセスで採用される調理法のことである。本書は調理技
術書ではないので詳細は専門書に譲るが、調理は素材の温度を制御するこ
とによって素材の持つ性質を変更する熱制御、素材を裁断することによっ
て原体の形状を変更する切断工程、素材や調味料を配合して何らかの味や
作用を及ぼすための調味、完成した料理を皿などに盛り付ける盛付などに
分類される。さらに、調理法が成立した地域によって日本料理、フランス
料理、イタリア料理といった区分が存在する。

　こういった区分の下層には、具体的な調理法の階層が存在する。例えば
熱制御は加熱、冷却に大別され、加熱は材料に直接作用する焼き物（放射）、
油や水を媒体にする揚げ物や煮物（熱伝導）、蒸気を媒体にする蒸し物（対流）
などといった自然作用を利用する方法、電子レンジのように人工的な加熱
作用による方法が存在する。一方、冷却は素材の水分を液体のまま保存す
る冷蔵、素材中の液体のみ氷結させる氷温貯蔵、素材をすべて氷結させる
冷凍などに分類される。これらの方法を組み合わせ、素材や調味料をさま
ざまな形に調理することで、料理や食品に加工していくのである。

6 食の供給システム
——料理という価値を創造するサプライチェーンというシステム

　食はかつて家庭内で供給されるものであり、社会性を帯びるものではな

かった。それが次第に祭祀との結びつき、国家権力の権威づけとの関連性、都市間交通の発達に伴う実需的必要性などの複合的要因により、食供給システムは社会性を帯びるようになっていた。また、食領域においても分業体制が徐々に構築され、萌芽的食ビジネスが形成されるようになっていく。国家事業としての塩田のような形式から米どころに集積した造り酒屋まで、官民さまざまなセクターが農産物を加工し、食品や調味料を供給する社会基盤である食供給システムを構築していったのである。

　現代において、食の価値創造を担う主たるプレイヤーは企業である。農林水産業から小売・サービス業まで、さまざまな企業が集積し、マクロ的な食供給システムを形成している。ある企業が食の価値創造を行う場合、食供給システムを形成する企業群から個別の企業を選定し、ミクロの食供給システムであるサプライチェーンを構築する必要がある。その組み合わせは無限であり、その組み合わせの拙巧によって創造される食の価値は異なってくる。料理や食品を生産する以上に、サプライチェーンのデザインは重要な意味を持つということができる。

　例えば、ある企業がドレッシングを生産する計画を持っているとしよう。ドレッシングを生産するサプライチェーンを構築する場合、どの油脂メーカーから脂分の供給を受けるのが適切なのか？　油脂メーカーと言っても、大豆由来の油脂に強い会社、植物性の油全般に強い会社、国産のごま油に特化した会社など、無数の企業が集積している。企業の持つ技術特性以外にも、サプライチェーンの立地関係、共同研究開発体制の充実度など、合従連衡を構築する際に検討しなければならない事項は数多く存在する。さまざまな取捨選択の結果、ドレッシングを生産するためのサプライチェーンが構築され、その機能を発現することで食の価値創造システムが稼働するのである（図4）。

　食ビジネス領域においてサプライチェーンを構築する際、どのような観点に留意すればいいのか？　パートナーの選定、技術の相互補完、分業に

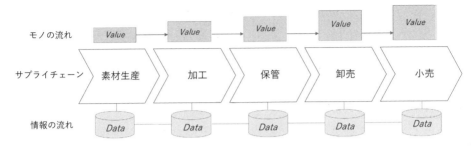

モノの流れ

サプライチェーン

情報の流れ

図4　サプライチェーンの概念図
出所：筆者作成。

よる効果性と効率性という観点で検討していく。

パートナーの選定

　第1の観点はパートナーの選定であるが、これは質の観点と方向性の観点の2軸で検討しなければならない。質の観点とは、自社がデザインする食の価値と均衡のとれた品質の素材を供給する企業をパートナーとして選定することで、生み出される食品や料理の価値に統一感をもたらすことが重要である。仮に自社が外食ビジネスでビールの供給先を選定する場合、自社の想定する業態が想定する客単価と一致度の高いビールメーカーを選定するであろう。例えばナショナルチェーンであれば大手ビールメーカーを選択するであろうし、比較的高級な料理を提供する企業の場合、大手ではなく特徴のある地ビールメーカーのプレミアムビールなどを選定するであろう。

　もう1つの観点は味の方向性である。例えば上述の外食企業が国内のビールメーカーを選定する場合、大手であれば数社の候補が存在する。商品として供給されるビールの価格は互いに競合関係にある以上、一定の範囲内に収まっているため、大きな差異はない。しかし、ビールの味は企業によって大きく異なるため、自社の提供する味の方向性と調和のとれたビールはどの企業の味なのかを検討し、メーカー選定をしなければならな

い。特に小売業の場合、提供する価値は個別の料理や食品ではなく、メニューや品揃え全体であるため、その組み合わせに注意を払う必要がある。

技術の相互補完

技術の相互補完とは、外部資源を自社の価値創造プロセスに取り込むサプライチェーン構築にとって中心的作用を果たす。産業が黎明期の場合、自社の内部に構築された技術で他社に対する優位性を確立することができた。かつて味の素やキッコーマンは、長年の研究開発で確立した技術力で競争優位性の高い食品を生産し、自社の優位性を確立した。しかし、産業が成熟するに伴い、類似技術の開発や業界全体に対する技術普及などさまざまな理由によって競争優位要因は希釈化され、自社内部だけで競争優位を確立する技術を補油するのは困難な時代になってきた。

自社の事業領域を定めるフレームにCFT分析がある。自社がターゲットにする顧客（Customer）、顧客に対して提供する機能（Function）、自社が有する技術（Technology）を定義することであるが、ここでいう技術は自社固有の技術であり、他社の模倣や追随が困難な技術レベルでなければならない。当然、企業として特許やノウハウを蓄積することは重要であるが、自社の内部にすべての技術を蓄積することは困難である。ゆえに、自社が保有していない、かつ自社にとって必要な技術を保有する企業をサプライチェーンに組み込むことで、より強固な価値創造システムを構築していくことが競争優位確立要因となるのである。

分業による効果性と効率性

効果性と効率性という概念は、言語として類似しているがその志向するものは大きく異なる。効果性（Effectiveness）とは、投入される経営資源の量が等しい場合、それに対する価値が最大になるように設計されることをいう。例えば、1億円を投資して工場を立てる食品会社が2社ある場合、

より高い生産量、収益性を確保した企業の方を（投資に対する）効果性の高い企業とみることができる。一方、効率性（Efficiency）とは、同じ価値を創出するための経営資源投資量を最小化するように設計することをいう。例えば、小麦を日産100トン生産する工場を建設する場合、より少額投資で小麦の生産量および要求される品質基準を実現した企業の方を（投資）効率性の高い企業と判断する。

　効果性の観点でサプライチェーンを構築する場合、最大化するべき価値対象を特定しなければならない。生産性という定量的観点で見る場合は生産量、生産額、付加価値額で検討するべきであるし、ブランドや信頼性という定性的観点で見る場合はISOなどの安全基準、モンドセレクションのような品質認証といった制度的側面や当該企業の経営姿勢といった無形的資産などを総合的に検討して選定することになる。特に、食を含む人間の身体や生命に影響のある産業の場合、定量的リスクを低減させ、一定品質を担保する安全という概念以上に、信頼感や信用性といった安心という概念の影響が非常に大きい。食品や料理は有形物であるが、顧客は心象的に品質を判断することが多い領域のため、こういった観点による検討が重要性を帯びる。

　効率性の観点でサプライチェーンを構築する場合、重要な観点は製造原価である。製造原価は材料費、労務費、経費で構成されており、それらがサプライチェーンの各工程でどのように賦課されているのかを計算しなければならない。例えばある食品の包材を製造する場合、自社で設備投資をした場合と他社に委託した場合のコスト比較、国内で素材を加工した場合の人件費と、海外で加工した場合の人件費や為替レート、運賃や通関コストの比較などを工程別に分析し、最適なコスト構造を確立していかなければならない。製造原価を計算する場合、材料費のように計算容易なコストばかりではなく、研究開発投資やシステムメンテナンス費用のように計算困難なものも多い。そのため、実際原価計算や標準原価計算以外にも、活

動基準原価計算（Active-Based Costing）など、さまざまな手法が提案されている。

7 食の付加価値創造──牛肉がステーキになるまで

　食の価値創造を実現するシステムはサプライチェーンであり、自然物である素材がサプライチェーンを通過することによって食品や料理という人工物に変化し、消費者に価値が提供される。本節では、サプライチェーンを経て素材が食品に変化するプロセスに着目し、牛肉が料理化されるプロセスを例にとり、各プロセスにおける付加価値創造ファクターについて考察する。

農水産物の生産プロセス

　価値創造の第1プロセスは農水産物の生産である。農林水産業は世の中で最も古い産業の1つであるとともに、食の価値創造にとっては最も根源的産業である。人類は食供給システム構築の歴史のなかで、素材をより人類の食物に適した形に組み替えていった。食物の種の交配、与える栄養の種類や量といった原始的取り組みから遺伝子組み換えのような近代的手法まで、あらゆる方法が考案されてきた。

　ここで重要なのは、自然物と人工物に対する人間の印象の相違である。あらゆる食は人類が食に適した形に変化させるプロセスを経ているにも関わらず、概して人間は自然物（天然もの）を高品質と評価する傾向がある。仮に人間の手を経ていない、完全に自然環境下で自生している牛を捕獲して食用に供した場合、現代人は果たしてそれを「おいしい」と感じるであろうか？　人類はその歴史の中で、より人間の味覚や食用に適した品種を創出するために交配方法、飼育方法などの改良を重ね、現代の肉牛を実現した。つまり、人間の手を経た食材の方が物理品質的に高いが、消費者の

知覚品質は自然のものをおいしいと認識する傾向にある。よりおいしい素材を開発する技術的側面だけではなく、消費者の心象的側面を考慮した生産が重要である。

農水産物の加工プロセス

　第2のプロセスは農水産物の加工である。飼育された牛は、牛肉へと加工されていくが、このプロセスで食物が持つ本来の価値に、人工的な加工をほどこして食としての価値に変化させる。加工プロセスは自然法則を利用した自然加工、人工的な作用を施す技術加工の2種類が存在する。例えば牛肉の場合、と殺されたばかりの牛肉は非常に硬く、かつイノシン酸等の旨み成分の含有量が少ないため、食用に適さない。ゆえに、数週間かけて熟成させることで、食用に適切な身質やイノシン酸含有量の牛肉へと変化させるのである。

　自然加工のプロセスは自然法則の利用であるため、自然科学分野と密接な関係がある。例えば魚を熟成させる場合、魚の歯ごたえを重視する場合と、深い味わいを重視する場合で熟成方法が異なる。それは、魚の即殺時に魚肉に発生するATP（アデノシン三リン酸）が、時間経過とともに結合するリン酸の数が減少し、二リン酸、一リン酸と性質を変えていく。それとともにいわゆる死後硬直にゆるみが生じ、徐々に身質が柔らかくなっていくのである。一方、分離されたリン酸などが再合成されてイノシン酸などの旨み成分が熟成されるため、実の硬さと旨みはある種のトレードオフ関係になる。自然法則を利用するには体系的なデータ計測に基づいた加工プロセスの管理が必要になってくる。[8]

　技術加工は食物に対して技術的な作用を施し、食材の品質を向上させるプロセスである。例えばサトウキビを収穫した後、サトウキビのエキスを

8　新村猛、赤松幹之「飲食店加工商品の味と調理プロセスの最適化」『人間工学』Vol. 46 No. 3、208～214頁、2010年。

抽出するために粉砕したり、鰹節を作るために釣り上げた鰹をさばき、燻煙するようなプロセスである[9]。自然加工プロセスと異なり、技術加工プロセスは加工者の技能によって品質は大きく異なる。牛肉の場合、自然加工プロセスである熟成は、個体差を除くと原則温度と時間経過で熟成進行条件が決定されるため、熟成進行時間、温度、湿度などをデータ化し、熟成管理者に情報提示することで熟成者の技能差に起因する肉の熟成度に起因するばらつきを一定範囲内に収めることができる。一方、技術加工は技能差で大きなばらつきが生じる。例えばと殺した牛肉を解体する場合、解体者の技能差によって肉の歩留まりや完成度に大きな差異が生じる。逆説的に言うと、技術加工による品質差が他社に対する自社の品質優位要因となるため、企業として重点的に投資、教育を行うべき領域である。

輸送プロセス

　第3のプロセスは輸送である。他産業と異なり、食ビジネスにおいて輸送プロセスは食品の品質に大きな影響を及ぼす。例えば金属を素材とする産業の場合、時間経過に伴う金属の品質劣化は考慮に入れることはほとんどない。ゆえに、金属の輸送プロセスは経済合理性をもとに設計すればよい。一方食ビジネスでは、例えばオーストラリア産牛肉を日本に輸入する場合、国内における販売時点で求められる肉の熟成度から逆算して運送工程を組むことになる。その制約条件で加工プロセスを組むことが求められる。

　例えば牛肉の中間加工プロセスがあるとして、その候補地がメキシコ、フィリピン、日本だと仮定する。メキシコの加工コストが10、フィリピンが60、日本が100で、各々の地域への輸送コストがメキシコ50、フィリピン20、日本10の場合、加工と運送の総コストはメキシコが60、フィリピンが80、日本が110であるため（図5）、経済合理性という観点では

9　ロバート・L. ウォルク（R. L. Wolke）（ハーパー保子 訳）『料理の科学』楽工社、2012 年。

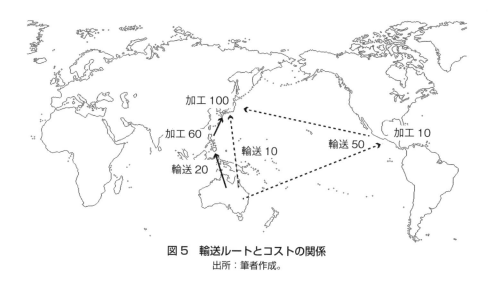

図５　輸送ルートとコストの関係
出所：筆者作成。

メキシコを中間加工プロセスに選定することになる。しかし、メキシコ経由で牛肉を日本に輸入する場合の時間経過が熟成期間を超過する場合、いかに安価であっても当該ルートを採用することはできない。時間的、空間的制約を考慮しつつ最適な輸送ルートを組むため、制約条件を考慮しつつ、オペレーションズ・リサーチなどのアプローチによる最適経路の構築が重要になってくる。

調理プロセス

　第４のプロセスは調理である。複数の食材を組み合わせ、調味料を配合して味を調え、加熱や冷却などの熱作用を加えて味の良い料理を完成させるとともに、視覚的品質をも考慮して盛り付けるという工程である。詳しくは調理専門書に譲るが、素材を組み合わせる際に考慮すべきは旨みの相乗効果である。旨みは人間の生命維持と密接な関係があり、例えばアミノ酸は筋肉の再生を行う際の重要な原料である。20種類あるアミノ酸をバランスよく摂取する必要があるため、料理に複数のアミノ酸が含有され

ていることが望ましい。ゆえに、人間は進化の過程で、複数のアミノ酸を含有する料理をおいしいと認識し、摂取を促進するように進化してきた。ゆえに、イノシン酸、グルタミン酸、グアニル酸といううまみ成分を含む食材を組み合わせることで、よりおいしい料理を作ることが可能になる。例えば、牛肉のステーキにアスパラを添えるが、牛肉のイノシン酸とアスパラのグルタミン酸の組み合わせになっている。

　また、味の構成要素である甘味、辛み、苦み、酸味の組み合わせも重要である。甘味のみで構成されるスイーツを除くと、料理は複数の味を組み合わせることで奥行きを増し、よりおいしい料理へと仕上がっていく。例えば牛肉をすき焼きにして食べる場合、砂糖やしょうゆを加えて甘味と辛味を加え、葱の苦味をあわせることで味を複雑にしているのである。切断も味に大きな影響を及ぼす要素である。例えば牛肉をタルタルステーキにする場合、牛肉を生食しても食べやすくするとともに、より牛の表面積を大きくして旨みを感じやすくするためにチョップするのである。加熱や冷却などの熱作用は、食材の細胞に作用して食材を食べやすくするとともに、うまみを増すためのプロセスである。例えば牛肉のステーキがおいしい理由の１つは、肉汁の糖分とアミノ酸が加熱され、焼き色や香ばしさが増すメイラード効果が起きるためである。

8 食と場の概念——立地とは何か？

　食はかつて食住一致であり、食事は生活拠点である住居の中、または周辺で営まれることが主であった。文明の発展に伴い、納税や巡礼の必要上生活拠点を離れて移動する必要性が生じたため、ホテルやレストランといった食ビジネスモデルが形成、発展してきたのである。現代の人類は、はるかに多様で複雑な生活行動を取るため、食を提供する場も非常に多様化してきた。交通網の発達に伴って駅弁や機内食といったカテゴリーが生

まれ、果ては宇宙食に至るまでに多様化している。また、グローバルに移動できる現代の環境下で、アフリカ旅行の折にサバンナの真ん中に気球で移動し、朝食を肴にシャンパンを楽しむツアーまで提供されている。本節では、食のサービス業に焦点を絞り、食に大きな影響を与える「場」について、立地の概念で紐解いていく。

必要商圏人口

　飲食店やコンビニ、百貨店など、食を扱う産業は多様である。しかし、全ての産業に共通して言えることは、売上規模は人口数に比例するということである。ゆえに、食サービス産業において立地を考える場合、人口問題について考えなければならない。第1に、自社の店舗が成立するための人口である。"必要商圏人口"を調査する必要がある。仮に100席の飲食店をマネジメントする場合、商圏における自社の占拠率が1%であるならば、最低1万人の商圏人口が必要となる。さらに、1万人の消費者全てが毎日外食するわけではない。仮に当該地域の外食頻度が月1回である場合、毎日100席を1回転させることで店が成立するなら、30万人が必要商圏人口ということになる。当然、昼間人口と夜間人口とは異なるため、このように単純化された方法ではなく、人口動態のデータを用いて定量的に分析する必要がある。

自社戦略と立地戦略

　次に検討しなければならないのは自社戦略と立地の位置づけである。仮に自社が全国展開、海外展開を視野に入れている場合は、店舗を多数集積させる必要がある。ゆえに、例えば関東や関西といった巨大な商圏群である商勢圏で自社は何店舗出店可能であるかを検討しなければならない。例えば、必要商圏人口が30万名のフォーマットを持つ企業が関東における出店可能性を検討する場合、約4,000万人の商勢圏を自社の必要商圏人口

で割った、約133店が出店のポテンシャルとなる。しかし、関東における物流拠点からの輸送時間制約や、人口密度の薄い地域への出店は適切ではない、などの制約があるため、これらの歩留まりを考慮して実際に出店可能な店舗数を検討する。仮に物流網がカバーできない地域を10%、人口密度が低いために出店できない地域を15%とする場合、出店可能店数133×物流制限90%×人口密度制限85%の約102店が集積の上限ということになる。

　一方、自社戦略を非近接性に置く場合、このような大量出店は好ましくない。例えば音楽をテーマとしたレストランであるハードロックカフェは、1都市における店舗数を1店舗ないし2店舗に絞り込むことによって、自社店舗の価値を高めようとしている。また、銀座に立地する寿司店の久兵衛も、多くの店舗を出店しないことで料理の品質維持とブランド確立を志向している。このような戦略を採用する場合、自社のブランドを最大化する立地はどこなのかを選定し、適切な立地における店舗数を制限することで、自社の価値を高めなければならない。

　このように立地戦略を確定した後は、具体的な拠点の選定に入る。上述のプロセスを経て絞り込まれた立地内における候補物件を選定し、出店の可否を検討するのである。この際、重要視しなければならない第1点は賃料である。自社店舗の想定している1坪あたり売上高、粗利益率、許容可能な不動産費分配率から負担可能な賃料を設定しなければならない。例えば、1坪あたり売上15万円、粗利益率85%、不動産費（賃料のみ）分配率15%のフォーマットを持っている場合、負担可能な坪あたり賃料の上限は15万円×85%×15%の1坪あたり1万9,000円である。この基準を超えて出店した場合、自社の利潤を犠牲にして運営せざるを得ないため、収益は低下する。

　自社が負担可能な家賃の上限以内で立地を検討することになるが、留意しなければならないのは、自社の価値提供水準に対する立地（を表象する賃

料水準）である。当該喫茶店が1杯500円のコーヒーを提供する店が、賃料が月坪1万円と非常に安価な立地に着目して出店したとする。この場合、賃料相場は低いために高収益になる場合と、そうでない場合とに大別される。なぜならば、当該立地の賃料水準は数十年、場合によっては数百年かけて確立された立地力の相場であり、当該立地におけるビジネス適正フォーマットの水準である。仮に月坪賃料が1万円の場合、コーヒー1杯の相場が500円であれば自社のコーヒーは立地に対して割高であり、当該立地の価格水準を期待して集まる顧客の期待とずれてしまう。このような危険性も考慮に入れて立地を選定する必要がある。

　また、立地力は個店としてではなく、店舗集積の総体で決定されることを考慮に入れなければならない。自店がフレンチのレストランで客単価1万円を想定している場合、スーパーのフードコートに出店することは考えられない。逆に、1杯300円のコーヒーを販売するカフェが東京の中心部に立地する百貨店に出店するのも危険である。当該立地に集まる顧客は、付近に集積する立地全体が発しているメッセージを受け取って立地を判断し、購買行動を起こすのである。例えば顧客が銀座に求めるものはブランドや高級感、青山に求めるものはハイセンス、上野に求めるものは親しみやすさといった心象であり、自社のブランドが当該立地の持つメッセージとの親和性を検討し、出店の是非を決定する必要があるゆえに、立地の検討には当該立地に居住しており、状況に精通している者を参画させることがのぞましい。[10]

物理的アクセス

　物理的アクセスについての検討は、当該店舗に対する顧客の利便性にとって重要である。マーケティングの4Cは、4Pの主張する販売所（Place）は売り手の視点であり、買い手からの視点である利便性（Convenience）を

10　会田玲二『立地調査（チェーンストアの実務原則・シリーズ）』実務教育出版、1999年。

重要視しなければならないと説く。駅からのアクセス、高速道路課のインターチェンジなどの広域的要因から、自動車の侵入経路、横断歩道や交差点の数といった個別要因が複合してアクセシビリティを規定している。また、近年は商業施設内に出店する場合も多く、入り口からの距離、店と通路の位置関係、フロアなどのビル内ロケーションは店舗の立地選択にとって重要な要因である。これらの諸要因を考慮しつつ、自社の店舗にとって適切な立地を選択する必要がある。

　ただし、全てのビジネスにとってアクセスの良さがプラスに働くわけではない。店に対するアクセスのハザードが高いことが逆に店舗の価値を高めるということもありうる。特に、1店舗主義の店で素材や水、空気など何らかの要素にこだわった食を提供する場合その傾向は強い。例えばフレンチの名店ミシェル・ブラス（Michel Bras）は、フランスのライオールで育まれた産物にこだわり、地元の産物をふんだんに用いてオリジナリティーの高い料理を供することで有名である。そのミシェル・ブラスが北海道の洞爺湖の気候がライオールに似ていることに着目し、唯一の支店をこの地に出店した。都心部から洞爺湖畔までのアクセスは決して良いわけではないが、洞爺湖に立地することで自店の持つ食の価値を最大限いかし、多くの顧客に支持を得ている名店である。

9 食と提供プロセス──回転寿司から高級寿司まで

　食を提供する場合、同じ種類の食事であってもその利用目的によって形態は大きく異なる。例えば寿司を提供する場合でも、回転寿司や持ち帰り寿司など、さまざまなスタイルが存在する。また、同じ寿司店であっても関東は握り寿司中心の店が多い一方、関西の寿司店は箱寿司や巻き寿司を提供する店が多い。このように、食を提供する場合にどのようなスタイルを取るか、どのような商品構成を取るかは、自社のビジネスモデルをデザ

産業分類		業態	定義
製造業	素材製造	素材製造	食品の構成要素である素材を製造
	食品製品	機械製造	機械プロセスを重視するとともに、標準化を志向
		マニュファクチャー	機械プロセスもあるが、人による加工プロセスを重視
小売業	対面販売	百貨店	フルサービスの接客を行い、プレステージに重点を置く
		スーパー	基本セルフサービスで、デイリーユースに重点を置く
		CVS	24時間営業で、時間帯に応じて商品構成を変更
		専門店	特定の食品群に特化した小売店
	非対面販売	ネット通販	ネットを媒体に食品を提供
		通信販売	雑誌などを媒体に食品を提供
サービス業	ホテル	シティーホテル	ビジネスユースやツアーに対応する食を提供
		リゾートホテル	時間を過ごすことを重視し、様々な食シーンを提供
		カジュアルホテル	宿泊に特化し、食の要素は朝食中心
	レストラン	ファストフード	調理のみ行い、接客はセルフサービス
		ファミリーレストラン	調理、接客ともに行うが、ベーシックサービスに徹する
		ディナーレストラン	調理、接客ともにフルサービスでおこなうレストラン
		カジュアルレストラン	飲料比率が高い形態のレストラン
		コーヒーショップ	24時間の営業形態をとるレストラン

図6　食ビジネスにおける業態分類例
出所：筆者作成。

インする際にきわめて重要な要素である。本節では、ビジネスモデルのデザインを主に業種の観点で概説する。

　食を提供するビジネスモデルを、その提供プロセスに着目してデザインすることを業態設計という。業態を英訳すると Type of Operation for Selling となり、食を生産、販売するための作業プロセスの種類のことであることが理解できる。[11]図6に、食ビジネスにおける業態の概略を示す。まず業態は製造業、販売業、小売業に概括される。Part 2でも述べたように、食はサービス財的特性を持つため、生産と販売の同時性が高い財である。そのため、食を顧客の需要発生時に生産するのか、それとも需要発生時点と生産時点をずらすのかという選択が、食ビジネスにとって重要な意思決定となる。製造業の場合は、自社のバリューチェーン内で食品の生産のみ

---

11 渥美俊一、会田玲二、森龍雄、築山明徳、和泉健『店内作業（チェーンストアの実務原則シリーズ）実務教育出版、2019年。

行い、流通や販売は小売業、サービス業や家庭にゆだねる（図6）。

小売業

小売業は、実演販売などの形式で、食品の一部生産は行うものの、おおむね生産は製造業にゆだね、自社店舗にさまざまな食品を品揃えすることで顧客の利便性を高めるビジネスモデルである。小売業はさらに、百貨店、スーパー、コンビニエンスストア（以下、CVS）、専門店に分類される。百貨店の特徴はフルサービスの接遇、全方位の品揃えにある。顧客のレセプション、商品説明、試食や試飲、会計、包装、見送りといった一連のサービスをすべて行い、サービスでの付加価値向上を志向する。また、酒類販売コーナーを設計する場合、ワインだけではなくチーズや食事といったマリアージュの提案に加え、ワイングラスやテーブルコーディネーションを提案するコーナーまで設け、トータルの価値提案を行う。百貨店は高付加価値を志向する一方、商品価格は定価販売で客単価も高い。

一方、スーパーはセルフサービスを志向し、なおかつ品揃えは日常の買回り品、最寄り品に絞り込む。従業員は商品の陳列や売場整理、会計や補充陳列など店舗運営に必要なオペレーションにフォーカスし、商品説明や見送りなどの接遇は最低限に絞り込む。包装などのサービスを顧客が求める場合、企業によっては有料化していることが多い。また、品揃えは日常生活で必要な商品に絞り込むため、日常的に消費する水準のワインは置いていても、希少なフランス産チーズや趣向を凝らしたテーブルコーディネーションは提供しない。このように、作業の種類を絞り込む代わりに、できる限り安価な食品を顧客に提供する。

CVSは、さらに日常品にフォーカスする。日常的な三食や間食に品揃えを絞り込み、購入単位も基本的に個食を前提としている。主たる購買者は原則一人で食事を摂ろうとする顧客であり、その価格は比較的低く抑えられている。従業員の作業種類はおおむねスーパーに近いが、営業面積の

小さい店舗の特性上、さらに作業種類は絞り込まれている。従業員は会計、補充陳列に集中するとともに、コンビニの生命線である発注や在庫管理にウェイトを置く。営業面積の制約上、仮にワインを置いている店舗でもその種類は絞り込まれており、多様な品揃えの中からチョイスするという購買方法ではない。一方、CVS の特徴は時間帯に応じて変更される品揃えであり、朝はおにぎりやパン、昼は弁当、夜は惣菜で深夜はおつまみと、同じ陳列台で違う商品を販売する。そのためのセントラルキッチンや物流などのバックヤードの造り込みが重要であり、その精度がビジネスモデルの成否を決定する。

サービス業

　サービス業は宿泊業、飲食業に分類され、飲食店はさらにファストフード、ファミリーレストラン、ディナーレストラン、カジュアルレストラン、コーヒーショップなどに分類される。ファストフードは店舗側が調理のみ行い、サービスは顧客側にゆだねる営業形態である。顧客は大きく店内飲食（Eat In）および持ち帰り（To Go）に分類され、店外飲食の顧客には小売業同様、紙袋などに料理をつめて顧客に渡す。店内飲食の顧客は食事をテーブルまで自分で運ぶほか、水や砂糖などの給仕、片付けまで概ねすべてのサービスを自分で行い、従業員は店のクリーンやごみの片付けのみを行う。調理作業もいわゆる食材の仕込みや下調理はセントラルキッチンで行われ、店内では簡単な加熱調理や盛り付けのみを行う。このように作業種類を絞り込み、調理のために必要とされるスキルを絞り込むことでパート社員比率を向上させ、低価格の料理提供を実現することを志向している。

　ファミリーレストランは調理やサービスという、飲食店の基本的サービスを提供する。顧客が注文した料理はキッチンで調理され、配膳係がガロニ（付け合わせ）等を添えるとともに食事に必要な備品をセットし、接客係が顧客に料理を提供する。下膳やお水の差し替えなどの付帯的サービスも

従業員が行い、レセプションや見送りといったサービスで付加価値を添える。一方、ファミリーレストランもファストフード同様、システム化によって店内作業で必要とされるスキルを絞り込む工夫を行っている。揚げる、焼く、煮るなどの最終調理工程は店舗が分担するが、食材の下処理はセントラルキッチンで行われている。また、大皿に盛り付けた料理を小皿に取り分けるようなサービスや、ワインのデキャンターゼのような習熟を必要とする作業は省略されている。このように、難易度の高い作業の簡素化により、比較的リーズナブルな価格を実現することがファミリーレストランの特性である。

　ディナーレストランはいわゆるフルサービスレストランであり、接客や調理は基本店内の従業員がすべて行う。食材はおおむね加工することなく原体のまま店舗に納品され、食材の下処理や仕込み、調理作業は調理場のスタッフがすべて行う。セントラルキッチンやカミサリーで調理された食材を用いることもあるが、セントラルキッチンへの依存度は低い。また、顧客に料理を提供する場合、ファミリーレストランのように1プレートの提供ではなく、コース料理は複数回に分けて提供され、そのたびに配膳と下膳を行う。顧客の前で料理の仕上げや盛り付けを行うこともあり、料理に花を添える。ドリンクサービスも、例えばカクテルのようにスキルを求められる提供方法で、メーカーが創造した酒の価値に新たな付加価値を加えて提供することも多い。このようにディナーレストランの作業種類は多様であり、かつ求められる水準は高い。ディナーレストランは付加価値志向であり、その価格は相対的に高価である。

　業態に対応する言葉として業種という概念がある。業種を英訳するとKind of Goodsであり、そのサービス形態で提供される主たる商品部門のデザインを指すことが理解できる。例えばスーパー、百貨店、CVSはそれぞれ業態が違うが、寿司を主たる商品に据えている場合、業種の一部は共に寿司である。また、回転寿司と持ち帰り寿司、職人が握るカウンター

の寿司店も各々別業態であるが、主力商品部門は寿司であるため、同一の（あるいは類似の）業種である。業種の設計は、小売業の場合は売り場構成、サービス業の場合はメニュー構成に大きな影響を及ぼすとともに、調理場の設備構成にとっても重要な要素である。

10 食の環境設計──どこで食べても同じ味？

　食、食事、食品（または料理）の違いは何であろうか？　食品や料理は有形財としての食物であり、それを味わうために時間を過ごし、空間を楽しむという精神的、文化的作用が加わると食事となり、食事にまつわる文化や歴史、科学など、食や食事にまつわる背景まで包含すると食になる。純粋に生命維持を目的とするならば食品の摂取だけで十分だが、なぜ人類は食事を楽しみ、食文化を創造したのであろうか？　食にはコミュニケーションを促進し、心を満たすという精神作用が存在するとともに、食事の環境によってその味わいが大きく変化するからである。本節では、食事を味わうための環境設計に焦点を当て、おいしい食を提供するために必要なデザイン要素について概説する。

料理自体のデザイン

　食品や料理そのもののデザインが、第一義的に重要な要素である。色彩やアミノ酸の組み合わせ、加工方法などについてはすでに述べたので、ここでは文脈機能について述べる。例えば赤飯は、食物という意味ではもち米と小豆を炊き込んだご飯であるが、日本では慶事に提供されることが多い。また、山盛りに盛り付けたご飯は、かつては一般的な食事で提供されていたが、現代ではお悔やみごとの際に、死者に供されるものである。このように、料理や食材には季節や場における意味の暗示を持つことも多いため、料理の発達してきた地域における文脈をよく理解しておく必要があ

る。

料理と皿の取り合わせ

　このようにデザインされた料理が、料理だけで提供されることはまずない。料理は必ず皿に盛って提供されるため、皿との組み合わせは非常に重要なプレゼンテーション要素である。さらには和皿、洋皿といった産地区分、陶器や磁器、漆器のような素材区分、高台や平皿のような形状区分が存在し、その意味や特徴を考慮して料理との取り合わせを検討する。また、料理自体もそうであったように、料理の色彩と皿の色彩の取り合わせも重要である。いわゆる“色映え”は、複数の色彩が補色関係にある時に色が際立つ現象であり、補色を混ぜると無彩色になるのが特徴である。例えば白と黒、赤と青は補色関係であるが、身の回りでもよく見かける色彩の組み合わせである。さらに、器の持つ隠喩やメッセージを考慮した取り合わせも検討しなければならない。例えばガラスの器は清涼感をイメージさせるため、一般的には夏の料理に用いられる傾向が高い。また、備前焼のような土ものの器は温かいイメージを持つため、冬の料理や火を使う料理と取り合わせることが多い。

プレゼンテーション

　こうして皿と取り合わせた料理を顧客に提供するわけだが、生ガキや寿司のように手で直接食べる料理は少なく、総じて何らかの道具を用いて食する必要がある。また、ある一皿の料理を１プレートで提供することも多いが、カレーのルウを銀器に別盛りして顧客が自分でご飯にかけたり、ローストビーフの塊を顧客の面前に持っていき、サービス係が切り分けて皿に盛るといったプレゼンテーションもよく行われる。このように、ある調理プロセスをキッチンから切り取り、顧客の面前で、または顧客自身が行うことによって料理の持つメッセージを顧客にダイレクトに伝えることは料

理のデザイン上重要な要素である。まず道具であるが、おおむね箸や匙、フォークやナイフなど、料理の種類やジャンルによって用いられる道具は決まっている。しかし、キャビアのように繊細な味わいの素材を用いた料理に金属の味がするスプーンをあわせるのは適切ではなく、無味に近い貝や骨、金で作られたスプーンを用いることが多い。また、漆器の椀物に金属や磁器の匙を用いると、漆器が痛む可能性があるため、木製の匙をあわせて提供するべきである。さらに、匙のように料理を切り分けて口に運ぶ機能を併存している道具の場合、食品の硬さや一口のサイズを考慮して選定されなければならない。

五感での訴求

　調理プロセスのプレゼンテーションは、顧客の五感を考慮して設計される。代表的なシズル感と言われるプレゼンテーションは、例えばステーキをのせた鉄板を十分に熱しておき、顧客またはサービス係がソースなどを肉にかけると、ソースが熱されて音が発せられるとともに、ソースが揮発して料理の香りを周囲に届ける。また、視覚的プレゼンも重要であり、例えばチーズを絡めたリゾットを提供する場合、出来上がったリゾットを顧客の前に持っていき、大きなチーズの塊の一部をくりぬいて作った穴にそのリゾットを流し込む。そうすると、ほどよい熱を持ったリゾットの熱作用でチーズの表面が溶け、リゾットを撹拌することでチーズが絡まっていく。その後リゾットを皿に取り分けて顧客に提供することで、視覚情報としてチーズの印象を強く顧客に伝達することができる。サービスマーケティングでいう Process に相当するデザインであり、材料費をかけずに料理の価値を向上させる有効な手段である。

　1つの料理は原則1皿に盛られるが、料理全体が並べられる環境としてテーブルがある。小売業の場合、商品が料理に当たり、テーブルが棚割りに相当するような相似関係にある。テーブルのデザインでまず重要なのは

その形状である。椅子とテーブルの高さ、テーブルのサイズなど、物理的環境は食を快適に食べられるか、そうでないかにとって重要な要因である。仮に椅子が低すぎたり、高すぎたりする場合は座り心地が悪く、快適な食事の阻害要因となる。また、テーブルが狭すぎる場合は皿が置けずに窮屈である一方、広すぎるテーブルは食事する人の間隔があき、空疎な雰囲気になる傾向にある。一方、テーブルの色彩やテーブルコーディネーションは、料理そのものに直接的な作用は及ぼさないが、その場の雰囲気を演出する上で重要である。例えばフレンチでは顧客の席に飾り皿を置くことがあるが、飾り皿自体を食事に用いるわけではなく、装飾的な要素が多い。日本食でも客席に四川盆などを置いてテーブルの演出をすることがあり、洋の東西を問わず食の雰囲気を盛り上げる工夫が施されている。

空間設計

　最後の設計要因は空間設計である。食事をするダイニングだけではなく、トイレやレジ、店の外観など空間全体が食を演出する要素である。ダイニングルーム内では照明の選択は料理の見栄えに直接的な影響を及ぼす。例えば肉をおいしく見せる場合、白色系の照明よりも暖色系の照明の方がよりおいしく見える。また、光のカラーのみならず、照度や照射範囲も重要である。一般的に、バー空間やデザイン性を重視するレストランでは照度を落として空間におけるプライベート感を演出する一方、ファミリーレストランのようにより多くの、多様な顧客が楽しむ空間の場合、明るい照明を選択する場合が多い。また、トイレやレジなどの空間は、レストランにとっては主たる空間でないため、高級店の場合を除き、趣向を凝らして設計することは相対的に少ない。しかし、これらの空間は外食という非日常空間において、支払いや生理的行為といった日常に帰る空間であるため、人間の意識は周囲の環境に目を取られがちになる。その際、空間の汚れや場の乱れなど、その空間の欠点が目につきやすいため、こういった空間ほ

ど快適さを意識して設計されるべきである。

　また、空間設計は店舗の労働生産性という観点も考慮してデザインされなければならない。サービスステーションや料理の仮置台の位置は従業員のオペレーションと密接な関係がある。また、通路のレイアウトや壁、ドアの位置は店の人流を決定する要因である。顧客にとっての快適性と同時に、従業員がスムーズにサービスを提供し、適切な人件費の範囲内でオペレーションすることができる環境設計を心がける必要がある。

11 食の商品構成——料理とメニューはどう違う？

　食事をする際、まず主として何を食べるのかというメイン料理を選択し、それに従ってメインとサイドの組み合わせを決めて購入先、または食事先を選択する。選択行動という次元で食をとらえた場合、個別の料理を設計することよりも、どのような品揃えをするかの方がより重要性が高い。本節では、自社の特性を明確にするとともに、他社に対する優位性を確立するための商品構成について、小売業とサービス業とに分けて検討する。

小売業の場合

　小売業の場合、その場で食事をするケースもあるが、多くの場合は持ち帰って食べることが想定される。そのため、単体店舗で完結するのではなく、複数店舗を買い回る可能性も高い。商品構成を設計する場合、まずそのどちらを想定するかを検討し、その後具体的品揃えを考えなければならない。CVSなどの場合は日常生活に密着した業態であるため、気軽に、時間をかけずに食を購入することが想定される。例えば昼食の品揃えを検討する場合、メインになる弁当や麺類のほか、サイドとなるサラダやおにぎり、飲み物など1食が完結する品揃えを検討する。また、屋外で食事することも多いと考えられるため、調理の不要な完成品を品揃えしている。

さらに、ビジネスなどで時間がない場合のカロリー摂取手段として、栄養食品やゼリー状のチューブ、野菜不足を補う野菜ジュース、また健康に意識の高い顧客を想定したサプリメントなどを品揃えに加えることも多い。CVSは、日常生活における時間的制約下で食事をすることを想定しているため、一般的な食品や料理よりも広い範囲の商品構成を提供する。

　スーパーの場合、家庭内食に食材や料理を提供することを想定しているため、より幅広いジャンルの食材を品揃えするとともに、家庭内における加工を想定している。ゆえに、完成品だけではなく、半加工品や食材も品揃えしている。例えばスーパーにおける昼食市場の品揃えは、時間のない主婦のためにコンビニ同様の品揃えをする一方、家族に持たせる弁当のおかずを余分につくり、家庭内に残る家族に昼食を提供することのできる、冷凍食品やチルド食品のような半完成品や、昼食にチャーハンを作るための米、野菜、肉などの食材も品揃えする。加えて、チャーハンを作るための塩や醤油のような調味料だけでなく、手早く調理するためのレトルト食品やチャーハンの素のような調理補助食品も販売している。さらに、直接的な食品ではないが、食事の際に提供される皿や箸、調理に用いられる消耗品もあわせて販売し、家庭内における食事のみならず、食事を提供する物理的環境を整えるための商品も商品構成に加えられている。

　百貨店の場合、より付加価値が高く、非日常的な食事を提供する商品構成をしている。家庭内調理を想定した食材も置いているが、むしろ専門技術を必要とする料理に重きを置き、家庭内ではできないような調理工程の代替的機能を備えている。例えば昼食の品揃えは、日常的な昼食のための弁当も置いているが、家に客を迎えるために、ちょっと奮発した料亭の松花堂弁当や洋食弁当、それらメインディッシュに合わせるスープや汁物などのサイドなども充実させている。また、子供の誕生日を祝うための昼食会を催すためのケーキやデザート、パーティープレートなども品揃えしている。加えて、フランス産のチョコやオーストラリア産のドライフルーツ

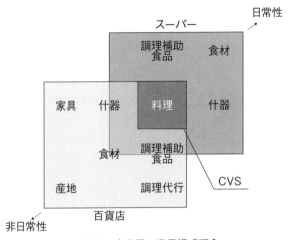

図7　小売業の商品構成概念
出所：筆者作成。

など、特徴のある産地の食品や素材を提供することで、より豊かな商品構成をする。さらに、パーティーを演出するための室内ディスプレイやケーキに添える蝋燭、後片付けを楽にしつつも場の雰囲気を盛り上げるデザイン性の高い紙皿やコップなどもそろえることができる。百貨店の場合、レストランで食事をする機能を家庭内に持ち込むような、非日常性をサポートする商品構成、およびスーパーよりも文化性や物語性を重視する食を提供するための商品構成が特徴である。

サービス業の場合

　飲食店やホテルの場合は、小売業と異なり、原則店舗で食事することが前提とされているため、商品構成は主として料理と飲料である。各々の業態が想定する利用動機に応じて品揃えをするが、ファストフードの場合はCVS同様、日常食の代替的色彩が強いため、原則短時間で食事を完結させることを想定している。注文を受けてから提供までのリードタイムが長い商品は品揃えから除外されるか、または完成品を例えばレトルト食品の

状態にしてスタンバイを容易にするなどの対応を取る。また、店内飲食を前提とする一方、持ち帰って車の中やオフィスで食事を摂ることができるように、包材や容器、料理の形状が工夫されている。原則メインで完結する料理を提供するが、サラダやポテトのように、健康や可食料に留意したサイドメニューを揃えることで、多様な利用動機に対応できるようにしている。ファストフードは仕事中や就学中の食事を想定しているため、多少の例外はあるものの原則アルコールの提供をしない場合が多い。CVSのようにサプリや野菜ジュースまで品揃えすることはなく、あくまで食事を楽しむことを前提としている商品構成が特徴である。

　ファミリーレストランの場合、日常性に軸足を置きつつも、機能的な食事に加え、ある程度"過ごす"要素を持つ食事も対象にする場合がある。その程度は企業の選択次第だが、例えば過ごす要素を多く含むファミリーレストランの場合、比較的豊富に酒類をそろえるだけではなく、食事も付加価値の高い商品群、例えば1,000円を超える価格帯のステーキやシーフードを揃え、家族の集まりや親せきを交えての食事会にも対応できるようにしている。また、食の形式を多様に選択できるように、ご飯やパン、サラダやスープなどを組み合わせにしてセットメニューにしたり、ハムやチーズ、サラダや前菜のように単品で食事をすることだけを目的とするのではなく、酒と取り合わせたりコース的に組み合わせて楽しむ料理群も品揃えする。一般的にファミリーレストランは営業時間が長いため、ティータイムに対応したデザート類や朝食メニューなども品揃えしている。ファストフードよりも食事性が高く、かつ時間と空間を過ごす要素を意識した商品構成が特徴であるが、その範囲はあくまで日常的な食事あるいはその延長線上に置かれている。

　ディナーレストランは専門店と総合店に大別され、うなぎや天ぷら、寿司のような専門店は商品群を絞りこむ代わりに、商品郡内の料理の品揃えは豊富である。加えて、特に日本料理の場合は素材の季節性を重視するた

め、春夏秋冬で提供する料理や素材を切り替えることが多い。例えば専門性を重視する寿司店では、季節の魚を用いた寿司、刺身と酒肴が少々といった商品構成が多い。一方、フレンチやイタリアン、割烹料理のようにさまざまな料理のバリエーションを提供する総合店の場合、当該料理の技術ジャンルやコースの仕立て方に応じた商品郡を提供する場合が多い。例えばフレンチの場合、前菜、サラダ、スープ、魚料理、肉料理、デザートといったコースだての形式に従って商品郡を組む。和食の場合は揚げ物、焼き物、蒸し物、煮物、刺身のように調理技法で商品郡を組む。専門店、総合店いずれの形式でも飲料はアルコール中心で、バリエーションが多いのが特徴である。ファミリーレストランよりも非日常性が高く、普段食さないような、希少性の高い商品構成を行う傾向にある。

12 食の商品デザイン
──おいしさは、どのようにつくるのか

　前節までは、料理や食品のおいしさ自体ではなく、その抽象的階層または周辺部分のデザインについて論じてきた。当然、これらの要素は食ビジネスにとって重要な設計要素だが、食の中心的価値はあくまでおいしさであり、いかに巧妙にデザインされた料理であっても、料理自体がおいしくなければ食品または料理としての意味をなさない。具体的な調理法や味の問題は専門書に譲るが、本節では食ビジネスのマネジメントに携わる者が理解しておくべき味のデザインについて、その一部を例に引いて概説する。

味　　覚
　味のデザインを検討するうえで最も重要なのは五味、すなわち甘味、辛味、苦味、酸味、旨味の組み合わせである。この Part ですでに触れたが、味を複雑にするということは複数の味を組み合わせることであり、素材や

調味料を配合する場合の基本になる。特に、旨みの概念は1908年に日本人によって発見された比較的新しい味覚の概念であり、グルタミン酸やイノシン酸、グアニル酸がこれに相当する。設計する料理が決まった段階で、素材や調味料を選択する際に留意したいおいしさの要素である。これに加え、色彩の取り合わせや素材の熟成などを考慮しなければならない。当然、おいしさと健康バランスの問題を考慮して食材の組み合わせを設計するべきで、炭水化物、脂肪、たんぱく質のバランス、ビタミンとミネラルの配分などに留意するべきである。

形　　状

　料理のおいしさは味覚によってのみ決まるものではない。料理や材料の形状も重要なおいしさの要素である。料理の形状が味に及ぼす影響を、塩を例にとって説明する。塩味は塩化ナトリウム（NaCl）によってもたらされるが、塩の産地や製法で味が異なるというよりも、塩の結晶の形状で味に違いが出る要素の方が大きい。フランスブルターニュ産のゲランドや、プロヴァンス産のカマルグといった塩は高級塩として有名であるが、当地の海水が食塩に適していることは当然であるものの、海水に含まれる塩化ナトリウム以外のミネラル、例えばマグネシウムなどの味を人間が知覚できるほどに含有されているわけではない。当地の気候風土、気温などの諸条件や塩の製法が塩の表面形状が複雑になることに適しており、結果として舌が複雑な風合いを感じるのである。[12]

テクスチャー

　また、料理や食品の食べる際のテクスチャーもおいしさの要素である。料理を口に含んだ際に口腔や舌ざわり、料理を噛んだ際の歯ざわりなどもおいしさである。料理のテクスチャーを表現する言葉としてクリスピー感

12　ロバート・L. ウォルク（R. L. Wolke）（ハーバー保子 訳）『料理の科学』楽工社、2012年。

という語があるが、例えば香ばしく焼けたピザやオーブンで焼き上げたミルフィーユ、サラダに入れるために揚げたパオピンなどがクリスピー感を重要視する料理である。クリスピー感については地域によってその志向は違い、一般的にアングロサクソン系の国や地域はクリスピー感を好む傾向にある。一方、クリスピーと対を成す概念としてやわらかい食感やトロっとした食感がある。豆腐や湯葉、こんにゃくのような食感であるが、これをおいしいと感じるかそうでないかも、地域によっておいしさに対する嗜好が異なる。日本人はこういった食感を好む傾向にあるが、すべての地域で受け入れられるわけではない。こういったテクスチャーに対する好みも考慮して設計されなければならない。

加熱方法

　調理プロセスについてはすでに何度か触れたが、料理のおいしさという観点では加熱方法による食材の味わいの相違も重要なデザイン要素である。加熱には炭火焼きのように食材を熱に近接させる放射、蒸し物のように食材の周囲を高温の空気や水で囲む対流、フライパンで焼くように熱を直接食材に加える熱伝道、電子レンジのように食材の分子構造に直接作用する輻射に分類され、その効果は加熱方法によって異なる。例えばカボチャを加熱する場合、直火で焼いた場合は表面がかりっと焼きあがる一方、カボチャの中はしっとりとした食感の対比が特徴であり、さらに炭火焼きにした場合は燻煙効果で素材が香ばしくなる。また、蒸した場合はカボチャ内部に含まれるうまみ成分を閉じ込めつつ、蒸気加熱によって全体的に柔らかく蒸し上げる。カボチャを煮物にした場合、焼いた場合と異なり調味液に含まれる甘味や辛みが細胞の中に浸透し、より複雑な味覚になる一方、野菜そのものの旨みは出汁に溶け込み、焼いた場合と比べてカボチャの味が出汁に移動し、出汁の味を豊かにする。揚げ物にした場合は、野菜の味が内部に残るという蒸し物のような特性を持つ加熱方法である一方、煮物

写真3　鹿の子切りを施したイカの握り
出所：筆者撮影。

が調味液を浸透させるのと同様、揚げ油が素材にしみこみ、油脂独特の旨みをカボチャにあたえる。このように、加熱方法と調味方法の組み合わせで食材の食感や味わいを考慮した設計が重要である。

切断方法

切断方法も料理の味に大きな影響を及ぼす。例えば、イカの筋肉は層状になっており、筋繊維が縦横に走っている。筋繊維の内部に閉じ込められている旨み成分を味わうことができるようにするため、イカの筋繊維に対して垂直に包丁で切り目を入れることが重要である。また、イカは比較的硬い素材であるため、食べた時に噛みやすいようにする効果も考慮されている。さらに、イカの表面は比較的調味液を浸透させにくいため、調味時点で味が浸み込みやすいようにする効果も考慮されている。このような切断方法を鹿の子（かのこ）切りというが、鹿の子にして加熱したイカは非常にきれいな形状をするため、視覚的な効果もあわせ持つ（写真3）。他にも、食材を食べやすくするとともに調味液が絡みやすくなるように切断する千切りや、食材の"ごろっ"とした食感を楽しむ乱切り、里芋のような丸みを帯びた野菜を面取りし、視覚的にも見て美しいようにする六方など、さまざまな切断方法が存在する。

視覚情報

　料理や食品の視覚情報が脳の感じるおいしさに与える影響も大きい。仮に有名レストランのスパゲッティを顧客に提供し、顧客がアイマスクなどをして食事した場合、料理の味はもちろんのこと、食べている料理がスパゲッティであることすら正確に言い当てることはできない場合もある。ゆえに、料理の色彩や形状、皿との取り合わせなどの視覚情報設計は美味しさにとって非常に重要な要素である。色彩と味の認知、五色と盛り付けなどの重要性はすでに触れたが、これらの要素とともに意匠としての全体バランスを考慮して盛り付けを設計しなければならない。例えば大皿に寿司を盛る際に風景を意識して盛り込む「山水」や、中華料理が料理を盛る際に意識する三角形のバランス「蓬莱」、さらに懐石の八寸を盛り込む際、華道における花の配置を模した盛り付けである「天地人」など、芸術分野で培われた配置のバランスを取り入れた技法が発達している。これらのデザイン知識を広く学習し、料理の視認美を検討すべきである。

嗅覚情報

　料理の嗅覚情報もおいしさに与える影響は大きい。視覚情報と同様、おいしい料理を顧客に提供しても、鼻から息ができないような状況で食事をした場合、顧客が感じるおいしさは半減してしまう。オペラ歌手が歌う時、体外に直接発する声だけではなく、腹腔や喉、校内における響きを重視して歌うのと同様、料理も舌が感じる直接的味覚だけでなく、鼻腔や口腔に広がる香りの情報でおいしさを感じる。料理を食べる前に鼻で感じ取る香りをアロマ、食べているときに口の中に広がる香りをブーケ、料理を飲み込んだ後に喉の奥から上がってくる残り香をフレーバーといい、それぞれが料理の前味、中味、後味とともに料理のおいしさに花を添える。

13 食とサービス──1時間待ったステーキはおいしい？

Part 3では、主に有形財としての食品または料理のデザインについて論じてきた。しかし、食品や料理は何らかのサービスを伴うものであり、仮に食品メーカーがレトルト食品を製造したとしても、それを顧客が食べる際、顧客自身がレトルトを温め、皿に盛り、食卓に提供するというサービスを自分自身で、あるいは誰かが行う必要がある。そういった観点から料理を見る場合、食品は有形財であっても食事はサービス財であるということができる。本節では、食品や料理の提供に伴って発生するサービスはいかに設計されるべきであるかについて、サービスマーケティングの7P（図6）のうち Process, Physical Evidence, People（以下、総称して3Pという）の要素を用いて概説する。[13]

食品製造業の3P設計

食品製造業は、顧客に直接何らかのサービスを提供するわけではない。しかし、先ほど述べたように、顧客はメーカーの食品を食べる際に原則自分達で調理し、自分達で食事することが想定されているため People の要素は特段含まない。食品の設計をする場合、食事シーンを想定し、顧客が可能な限り快適に食事できるように留意すべき第1点は Process である。例えば、顧客がレトルト食品を食べる際、電子レンジで加熱や湯煎など、何らかの加熱作業をしなければならないとして、そのプロセスがストレスなく理解できるようにパッケージデザインや説明書きをデザインしなければならない。また、加熱した食品を開封する場合、どこから開ければいいのか、手で開封可能なのかなど、開封時の開けやすさなどの手続きに手間

13　クリストファー・ラブロック、ヨッヘン・ウィルツ（C. Lovelock, J. Wirtz）（白井義男、武田玲子 訳）『ラブロック＆ウィルツのサービス・マーケティング』ピアソン・エデュケーション、2008 年。

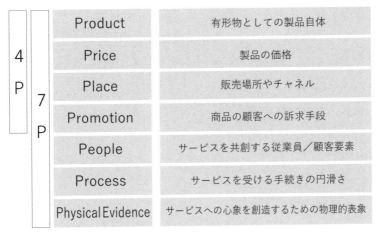

4P	7P		
		Product	有形物としての製品自体
		Price	製品の価格
		Place	販売場所やチャネル
		Promotion	商品の顧客への訴求手段
		People	サービスを共創する従業員／顧客要素
		Process	サービスを受ける手続きの円滑さ
		Physical Evidence	サービスへの心象を創造するための物理的表象

図6　サービスマーケティングの7P
出所：筆者作成。

取らないよう、包材の選定や開封口の造り込みを良く検討しなければならない。また、その食品がパイのように切り分け作業が必要な食品の場合、ナイフをわざわざ使用しなくてよいように例えばプラスチックのナイフを付け、あるいは食べる際のフォークを付けるなど、実際に食事するプロセスを想定してデザインしなければならない。さらに、食べ終わった後の廃材を捨てる際、ゴミ分別で手間取らないように素材を考慮すべきである。

小売業の3P設計

　食品設計で留意する第2点は Physical Evidence である。例えば加熱した後で皿に盛り付けることなく、直接食べることのできる包材を選定することで家事負担の軽減を志向する冷凍食品をデザインするとしよう。その場合、包材が実用性重視で視覚的デザインが良くない場合、食事する人が食品に感じる印象はあまり良いものではない。そのため、購入時に確認する外包材だけでなく、見た目にも美しい内包材（トレイ）を選択するべきである。

小売りの場合もメーカー同様、食事する際に直接顧客にサービスをするわけではない。ゆえに、基本的な留意点はメーカー同様であるが、対面販売形式が多いため、顧客接点におけるサービス設計にPeopleの要素が加わる。例えば百貨店でサラダ販売コーナーのサービスを設計するとしよう。まずにこやかな挨拶や的確な商品説明など、接客として求められるべきサービスを設計しなければならない。次いで、サラダを購入する際に量り売りするのか、パッケージに盛り込んでおくのかといった購買量の選択方法や、単品販売を主とするかそれともサラダのセットメニューを用意するのかなど、顧客の選択行動を想定した販売サービスのあり方を検討しなければならない。さらに、昼食前や職場からの帰宅時など繁忙時間帯を想定し、可能な限りスムーズに買い物ができるよう、顧客がサラダを検討、選択、支払いする各ステップにおけるサービスを円滑にするProcess設計をすることが求められる。

サービス業の３Ｐ設計

　レストランやホテルの場合、顧客が食事する際に直接的なサービスを提供するため、サービス設計の視点は根本的に異なる。サービスコストは製造原価に含まれるため、サービスは付加的なものではなく食材と同様、本質的価値でなければならない。設計の際に留意すべき第１点は、接客サービスの流れ（Process）である。レセプション、オーダー受注、ドリンク提供、料理提供、中間サービス、会計、バッシング（下げ物）といった一連のサービス形態、およびサービスプロセスを検討する。例えばワインを提供する場合、顧客の前で抜栓するか、バックヤードで抜栓して顧客に提供するのか、あるいは顧客にテイスティングを求め、確認してからワインを注ぐのか、それともテイスティングなしで抜栓後すぐにグラスに注ぐのかを検討する。自店のコンセプトを明確にする意味でもこのサービスプロセス設計は重要であるため、従業員の持つ技能、サービスにかかるコストと売価な

ど、いくつかの観点で検討し、プロセスを設計していく。

　サービス設計で留意すべき第2点は、業態（Type of Operation for Selling）である。フルサービスのレストランほど作業種類は多く、ファストフードのように単価の低いレストランほど作業種類を絞り込む。例えば注文や会計プロセスを設計する際、ファストフードの場合は原則顧客側がサービスを担当する。レジの前に並び、自分で注文し、料理を受け取る。近年、注文をスマートフォンで入力し、会計をカード決済するなど、データ入力や精算自体も顧客が担当し、その分を価格に反映させる低価格のサービス設計に移行しつつある。価格競争力の維持、および人件費対策としてプロセスの自動化は重要な検討項目である。一方、フルサービスの場合は従業員側がサービスを担当する。顧客の席に行って商品説明をし、注文を伺って伝票（またはPOSの注文入力デバイス）に書き込む。高級店の場合、会計は顧客がレジに行くのではなくテーブルチェック形式を選択し、従業員が精算を済ませる。他社に対するサービスの差異化、店の格を作りこむ要素として、他店が行わないサービスを付加するという視点が求められる。

　サービス設計で留意すべき第3点は、料理提供時におけるプレゼンテーションである。料理は味覚情報や嗅覚情報が中心であるため、視覚情報、聴覚情報、感覚情報を刺激し、五感で料理を楽しむような設計が望ましい。例えばデザートを提供する際、部屋の明かりを暗くしてブランデーなどアルコール度数の高い酒に火をつけ、フランベしてから顧客に提供するようなシーン演出である。また、シェフが顧客の目の前でローストビーフの塊を切り分け、ソースをかけて提供するなど調理プロセスの一部をサービスに組み込むことも重要なプレゼンテーション要素である。

　サービス設計で留意すべき第4点はホスピタリティーである。適切にサービスを受けられるのはサービスに対する衛生要因であり、動機づけ要因ではない。顧客が感動するようなサービスをいかに設計するかが重要な鍵である。特に、この分野は従来従業員個人のスキルや経験に依拠してお

り、企業としてのサービス設計になっていないことが多い。組織としてホスピタリティーを強化するためのサービス設計が重要性を増している。例えば顧客が誕生日を迎える場合、何もしないのか、カードを贈るのか、ケーキを用意するのか、さまざまなオプションが存在する。加えて、本来顧客がレストランに期待するサービス以上のことを実践する場合、顧客情報の収集が重要である。過去の利用履歴をデータベース化し、顧客IDや携帯番号で顧客と情報をユニークにし、データ蓄積を行うことで組織全員が共有可能なデータベースおよびシステム構築が重要になってくる。さらに、仮に誕生日にケーキを贈って歌を歌うようなサービス設計をした場合、それが事務的ではなく心のこもったものになるように、従業員に対する教育、訓練を十分に行う必要がある。

14 食と情報——言葉の持つ魅力と魔力

　食品は口で摂取するだけではなく、五感の全てを動員して味を認知することはすでに述べた。しかし、人間は五感を通じて食品の味について感じるだけでなく、脳で味について考え、判断するという機能を備えている。ゆえに、味と言語や情報は密接に関連しており、食品の味と言葉について理解することは、食品や料理のおいしさに関する情報を正しくデザインするうえで重要な要素である。本節では、味と言語、情報との関係性について概説する。

味と言語の関係性

　料理の味に対する言語表現は、サービスの技術として非常に重要である。例えば味の概念に"辛い"という語があるが、この辛さはさまざまな概念に分かれる。例えば塩分による辛さを漢字で書くと鹹（しおからい）であり、トウガラシのように食べた直後にピリッと刺すような辛さは辣、山椒のよ

うに後からピリッと感じる辛さは麻と表現する。英語でいうと塩辛さは
salty、ピリッとくる辛さは hot となる。さらに、塩分による塩辛さであっ
ても、例えば寿司に振り塩をして食べた場合に感じる辛みと醤油で食べた
時に感じる辛み、また寿司とともに飲む味噌汁の塩分による辛みは異なる
ものであり、一義的にしおからいと括ることはできない。当然、調味料だ
けではなく食材との取り合わせによって味のバリエーションは無数に存在
するため、全てを正確に言い分けることは不可能である。

　言葉による味覚表現の限界を保管するため、比喩的表現が重要になって
くる。言葉によるレトリックは例えばソムリエなどが非常に重視しており、
比喩表現を体系化している。例えばワインの香りや味を表現する際、味そ
のものの表現だけでなく、ブドウの生育した環境は醸造工程までを考慮し
て表現する。例えば、赤ワインはブドウの皮とともに熟成させるため、白
ワインよりも多くのタンニンが含まれることで渋みや深みが増すが、渋み
の度合いの違いによって、軽い順から「ビロードのような」「さらさらした」
「ち密」「力強い」という言語表現で定義している。また、名人が握った寿
司舎利の硬さを比喩的に「手に持った時はしっかりと握られているが、口
の中に含むと米がぱらっとほぐれ、舎利を握りしめたような硬さを感じな
い」というような表現で、硬さと柔らかさのバランスを説明することがあ
る。このように、直接的表現をあえて避けることで、微妙な味覚の相違を
伝えることが重要な技術となってくるのである。

味と情報の関係性

　料理の味について伝える際、周辺情報の伝達は非常に重要な要素であ
る。[14]例えば日本酒を顧客に提供する場合、「きりっと味の立った、辛みの

14 K. Aoki, K. Akai, T. Nishino, K. Ujiie, T. Shimmura, and N. Nishino: The Impact of Information on Taste Ranking and Cultivation Method on Rice Types That Protect Endangered Birds in Japan: Non-hypothetical Choice Experiment with Tasting, *Food Quality and Preference*, Vol.75, pp.28-38, 2019.

ある吟醸酒です」という言語表現は日本酒の特徴を直接的に表しているが、例えば「有機米を使用している」「山田錦」「丹波産」などの周辺情報を伝えた場合と、そうでない場合の味覚品質に関する評価は大きく異なる。さらに、醸造元や杜氏、日本酒の製法などの情報を加えることによって品質に対する評価が変化するのである。

　また、商品の周辺情報の選択方法によっても顧客の認知は異なる。食材の産地を表現する際、大阪府産の水ナスという表現と泉州の水ナスという表現や、高知産の鰹のたたきという表現と土佐の鰹のたたきという表現の違いによって、顧客の受け止め方は変わってくる。例えば旧地名を用いることで、食材や調理法に対する伝統性の認知が向上し、より付加価値を感じるのである。

　なぜ、周辺情報が料理や食品の味覚品質に影響を及ぼすのであろうか？すでに述べたように、人間は直接的には味覚情報で料理の品質評価をするが、視覚、触覚などの五感を総動員している。しかし、感覚とは人間の知覚の一部であり、言語や経験、人間の思い込みなど、さまざまな情報によっても味覚品質は左右される。例えば、豆腐に彩色を施してプリンのような外観に仕立てたものと、本当のプリンを並べ、どちらがより甘いか判断させる官能検査を行うと、視覚情報や「プリンである」と事前に聞かされている先入観によって騙され、豆腐でできているプリン状のものを「より甘い」と評価してしまうのである。食に関するさまざまな情報は人間の脳内における判断基準に大きな影響を及ぼすため、料理の品質を正しく（できれば高く）評価するための周辺情報の提供は重要である。

　言語以外の情報も人間の認知にとって重要である。例えばじゃがいもバター焼きを提供する場合、メニュー上にじゃがいもバター焼きというメニュー名称や北海道産という産地情報を載せるだけではなく、北海道の広大な大地や農場、そこに燦々と日が照り輝く写真をメニュー背景のデザインに採用するのとでは、顧客の味覚に対する評価は異なる。これら背景情

報から顧客は北海道産のいもに対する品質認知情報、大地の恵みと豊かないもの味など、さまざまな記憶を脳内から想起させ、料理に対する期待値を形成していく。人間の記憶は領域ごとに収納されているため、提示される情報が多いほど脳の記憶想起量は多くなる。その結果、情報は「いも」という"点"から北海道、大地、日光、栄養などの情報を組み合わせて"面"へと広がりを見せ、料理に対する文脈的な意味や背景を構築するのである。

　言語や視覚情報以外にも、数値情報が味の認知にとって大きな影響を及ぼす。例えば日本酒は、精米度合いによってその味わいが異なり、酒の呼称が変化する。醸造用アルコールを用いることなく仕込んだ日本酒を純米酒というが、その中でも精米歩合を70%以下、麹歩合を15%以上にして仕込んだ酒を本醸造という。さらに、精米歩合を60%以下、麹歩合を15%以上にして仕込んだ酒を吟醸酒、精米歩合を50%以下、麹歩合を15%以上にして仕込んだ酒を大吟醸という。精米歩合の数値が小さくなるほどコメの表面を削り、芯の部分のみを用いるのでよりクリアな味の日本酒を仕込むことが可能になる。日本酒を推奨する際に「米を削っておいしいところを使った大吟醸」という表現をしても非常に抽象的で、どの程度おいしいものかを正確に判断することは簡単ではない。そこで「純米酒のうち、精米歩合を70%以下にして米のおいしい部分を用いて仕込んだ酒を本醸造というが、その中でもさらに50%まで精米歩合を下げ、クリアな味を引き立たせた酒のみを大吟醸という」と数値を交えて表現することで、より明確においしさを伝達することが可能になる。当然、数値で言い表せない無上の価値も存在するため、すべてのケースで数値化することが可能ではないが、数値化による品質認知の高まりの意義を理解しておきたい（**写真4**）。

　また、人間による非言語情報も顧客の味覚品質にとって重要である。人間のコミュニケーションは言語を通じて行われているが、コミュニケーションに言語内容の占める割合は7%、音声と音質の占める割合は38%、

写真5　精米歩合の違い（山田錦）
出所：筆者撮影。

表情としぐさの占める割合は55％であり、言葉以外の持つ役割が非常に大きい。仮に非常に甘みのある果物のおいしさを従業員が説明していたとしても、当該従業員が渋い表情で事務的に説明した場合、その甘味や旨みに対して顧客が肯定的な評価をするのは困難である。また、従業員が味の説明をする際、直立不動で両手を下げて説明しているのか、両手を用いてジェスチャー豊かに表現するのでは、顧客の味に対する理解の深まり方は異なる。直接的な言語情報のみならず、従業員の話し方や表現、豊かな表情もおいしさの情報伝達にとって重要である。非言語コミュニケーション能力を向上させるための従業員教育、訓練が求められるのである。

参考文献

小宮路雅博「サービスの諸特性とサービス取引の諸課題」『成城大学経済研究』No.187、2010年。

小早川達、後藤なおみ「食品の味わいと味覚・嗅覚」『日本調理科学会誌』Vol.48、No.3、175〜179頁、2015年。

Davis. M. M. and Maggard, M. J. An analysis of customer satisfaction with waiting times in a two-stage service process, *Journal of Operations Management*, Vol. 9, No. 3, pp. 324-334, 1990.

渡辺順子『教養としてのワイン』ダイヤモンド社、2018年。

チャールズ・スペンス（C. Spence）（長谷川圭 訳）『「おいしさ」の錯覚──最新科学でわかった、美味の真実』角川書店、2018年。

食 × 未来

　食と言葉はよく似ている。最古の人類は中央アフリカ付近で誕生し、1世代で約10km程度を移動して全世界に広がっていったといわれている。つまり、近隣に住む人間は常に接触があったと考えられるため、普通に考えれば食習慣はある集団ごとに異なるわけではなく、何らかの関連性や連続性を持っていてもおかしくはない。しかし現実は隣国の言葉は学習しないと理解できないし、食事は異質なものとなっている。日本の隣国である韓国の言葉は、文法は似通っているが発音や表記法は大きく異なるし、料理についてもその体系や技法が各々ユニークである。

　近年、グローバリゼーションという言葉が頻繁に使われ、実際の社会も確かにグローバル化している。グローバル化は、食の領域にどのような未来をもたらすのであろうか？　確実に言えることは、食材、調理法は相互に取り入れられ、料理の国境は徐々に不明確になっていくということである。事実、日本の料理人はビーガン料理のために、かつおだしを使わない、野菜のみで作るクールブイヨンを開発し、フレンチのシェフは日本の出汁を自分たちの技能として取り入れている。果たして、食か完全にグローバル化し、いずれ国境はなくなっていくのであろうか？　それとも、食は緩やかにリンクしつつ、地域性を保っていくのであろうか？　その際、工学分野はその進化にどのような役割を果たすのであろうか？　食の未来に期待したい。

Part 4

食の生産管理
Food Process Management

このPartで学ぶこと

　Part 3 では、食をどのようにデザインする
のかについて多角的に学んだ。適切な手続きで
デザインされた食の価値は、実際に調理され、
デザインされたとおりの品質を実現できて初め
てその価値が実現できる。逆説的に言うなら、
デザインされた食の価値を実現する手段を持た
なければ、その価値は「絵にかいた餅」になっ
てしまう。

　産業革命以前の伝統的な食は、家庭内では主
に主婦の手で、家庭外では主に調理師の手で調
理されたため、生産管理は人のスキルに依存し
ていた。しかし、食産業が高度化した現代にお
いては、人による生産だけではなく、道具や機
械、工場などの生産システム、ISO や HACCP
のようなソフト面も含め、あらゆる要素が生産
管理を構成するモジュールとして必要とされて
いる。

　Part 4 では、生産管理に必要な基本的事項
を学びつつ、食分野の生産管理で留意すべき事
項を概説しつつ、Part 3 で学んだ事項との関
連性についても説明していく。

1 食の生産システム史——家庭から宇宙まで

　食の価値創造の歴史と、それに伴う生産システムの進化は Part 2 で概説している。Part 4 では、食の生産システムをどのように設計、運用することで価値創造に資するかという観点で再構築することによって、食ビジネスの生産性向上を実現するためのいくつかの視点を提供する。本節ではまず、人類がその進歩の過程で培ってきた食の生産システムについて歴史的観点で考察し、現時点における到達点およびその課題について明確にすることを目的とする。

　古来、生活は食住が一致していたため、家庭内調理が食の生産機能を担っていた。しかし、国家権力の確立や宗教成立に伴う長距離移動に伴って食住分離が起こり、業としての飲食店や宿泊業が成立した。交換経済の成立に伴い、家庭内で製造されていた塩や醤油などの調味料、干物などの保存食を専業で作る者の出現による調理プロセスの分業が起こった。この段階までは、いわば原始的分業であり、生産性を高めるような生産システムの構築には至っていない。

　生産システムによる価値創造が具現化するのは中世以降である。文明発展の初期段階では国家権力者や有力貴族、地主階級が富を蓄積し、権威誇示の必要性や嗜好的目的で付加価値の高い食を求め、専業者としての料理人が出現した。しかし、特権階級の没落によって職を失った料理人は、相対的に経済力を高めた商人などに対するレジャー的な食を提供するために飲食店を開業する。こういった飲食店は、従来の家庭内食代替機能としての飲食店とは異なり、1 食当たりの付加価値（粗利益）は非常に高価であった。生産システムの変化による価値創造は、まず価値労働生産性の分子である付加価値から起こったのである。

　飛躍的な生産量増加という物的労働生産性の革命は、産業革命における

食品工場導入によって起こった。動力や機械の導入によって構築された工場の生産能力は、人による生産とは比較にならない大量生産を可能にした。小麦粉の生産を例にとると、かつては人間が、次いで水車などで製粉していた小麦を、食品工場で機械的に粉砕することでの生産量を飛躍的に向上させた。初期の段階における生産性革命は素材の生産革命であり、食品がその恩恵を被るのは保存技術の確立を待たなければならなかった。

食品の長期保存を前提とした缶詰や瓶詰、次いで食品の冷凍技術やドライフーズの開発によって食品工場の導入が進み、食品製造業が確立されていく。食品の保存技術確立によって発達したのは製造業だけではない。さまざまな製造業者が生産した食品を取り揃え、各地の小売商に供給する食品卸売業が大規模化し、次いで小売業自身が食品製造業者と直接取引を行い、大規模店舗を大量出店する形式のチェーンストア企業が食品を扱うようになった。小売・流通業は直接的に食を生産していないが、製造業者が生産量をより増加させるための販売システムを構築したともいえ、間接的に食ビジネスの生産性向上に寄与した。

顧客に対して料理を直接的に調理、提供する外食・宿泊業の生産性向上は20世紀を待たなければならない。小売業のチェーンストアと食品製造業の工場（セントラルキッチン）を組み合わせた外食産業や、ホテルと簡易食堂を組み合わせた宿泊特化型のチェーンストアモデルを構築し、1930年代から50年代にかけて展開を始めた。1950年以降、ファストフードやファミリーレストランなど、顧客接点における生産効率向上を志向した営業形態を確立し、産業規模を一気に拡大することで生産性向上を志向し、その結果、マクドナルドをはじめとするグローバルカンパニーが次々と出現した。21世紀に至り、これらのシステムはさらに進化を遂げている。食品工場は自動化が進み、無人に近いカミサリーへと進化を遂げた。小売業では24時間営業、20坪で4,000品種を扱い、時間帯に応じて品揃えを柔軟に変更するCVSがビジネスモデルを持続的に進化させ、ホテルやレ

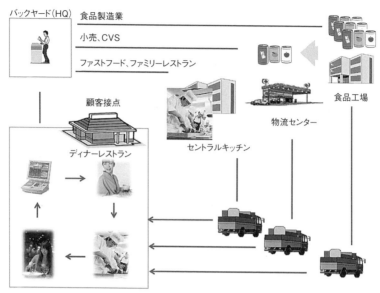

バックヤード（HQ）　食品製造業

小売、CVS

ファストフード、ファミリーレストラン

顧客接点

食品工場

物流センター

ディナーレストラン　セントラルキッチン

図1　食ビジネスのビジネスモデルと価値創造ループ
出所：筆者作成。

ストランでは AI やロボットの導入が進み、さらなる労働生産性向上を志
向している[12]。

　しかし、Part 2 で述べたように食ビジネスの生産性は必ずしも高いとは
言えない。その原因としてサービス財の特性を挙げたが、本節でサービス
財の特性と労働生産性の関係をより深く考察する。図 1 に、食ビジネス
の価値創造ループとサービス財の介在との関係性を模式的に示す。図の左
下が顧客接点（店舗）、左上が本社機能、右上が生産機能、右下が 流通機
能を表しており、ループが大きいビジネスモデルほどサービスの同時性が
低く、小さいほど同時性が高いことを示している。最もループの大きなビ
ジネスモデルは食品製造業である。同ビジネスモデルが供給する食品は真

1　Chase RB, Apte UM. A history of Research in Service Operations: What's the Big Idea? Journal of
　　Operations Management 2007;25（2）: pp. 375-86.

2　新村猛、内藤耕『がんこの挑戦』生産性出版、2011 年。

空パックや冷凍、レトルト形式で保存することが可能であるため、食品工場で生産して倉庫で保管し、小売業など、顧客の注文を受けて食品を出荷し、顧客にデリバリーする。このモデルは、対象物は食品であるが賞味期限が長いために在庫可能であるため、有形財を扱う製造業とほぼ同じと考えてよい。ゆえに、B to B としてのサービスは存在するが、生産と消費の同時性を求められるサービスはないため、労働生産性は高い。

　次に大きなループを形成するのはスーパー、百貨店、コンビニエンスストアなどの小売業である。同ビジネスモデルは真空パックや冷凍食品も扱っているが、生鮮食品や弁当など、日持ちのしない食品も取り扱っている。ゆえに、少なくとも1日1回、ビジネスモデルによっては複数回店舗に食品を供給する必要があるため、製造業と比較した場合同時性が高くなる。さらに、店舗における実演販売や店舗での調理工程もあるため、顧客の注文に対応するための生産能力を確保するために人を待機させておく必要がある。ゆえに、製造業モデルよりもサービス財の特性が顕著に表れるため、労働生産性は相対的に低下する。

　小売業よりも小さなループを形成するのは外食サービス、そのなかでも標準化・単純化・専門化することによって効率的なオペレーションを志向するファストフードやファミリーレストランのようなチェーンストア産業である。小売業と外食サービスとの最大の相違点は接客サービスの存在である。小売業にも接客サービスは存在するが、レセプション、オーダーリング、料理提供、中間サービス、テーブルクリーンのように、顧客が滞在するための必須サービスプロセス数、所要時間ともに比較にならないほど多い。加えて、チェーン企業の店舗は原則店舗で何らかの調理を行うため、生産能力確保のために従業員を店舗に配置しており、サービスの同時性は高い。一方、スープを作る、ソースを仕込むといった複雑な調理工程はセントラルキッチンやカミサリーで担当することにより、チェーン外食企業は店舗に配置する人員数および技術力への依存度を低下させている。

価値創造ループが最も小さいのは料亭や寿司店、フレンチやイタリアンのような、ディナーレストランと称されるフルサービス形態である。このビジネスモデルは付加価値の高さが重要であるため、競合店舗との競争優位を確立するために店舗に高技能の調理師を多数配し、複雑、かつ高度な調理技能を駆使して調理する。さらに、高品質なサービスを提供するために優秀なサービススタッフを確保し、常に顧客の要求に応えられるように余裕をもって店舗に配置しなければならない。ゆえに、確かにサービスの付加価値自体は高いが、多数の人員配置を要するために投入生産要素のロスが多く、結果として労働生産性は低下してしまうのである。

2 ビジネスモデルと生産システム
──缶詰から星付きレストランまで

　前節では、サービス財の同時性とビジネスモデルとの関係について概説した。サービス財の特性である同時性は、その特性上、食品や料理の生産システムと密接な関係性を持つ。本節では、前節と対応して食ビジネスを製造業、小売業、システム化されたサービス業、人の技能を前提としたサービス業とに区分し、それぞれの生産システムの特性について概説する。

製造業の生産システム

　製造業の場合、食品を工場で生産し、流通網を通じて広く全国、あるいは海外で販売することを前提としている。かつてレトルトカレーや冷凍うどんなど、商品自体が新規性の高い時代は、レトルト包装機や冷凍設備など、当該商品を生産する技術をコンポーネントすることで競争優位性の高い生産システムを組むことができた。しかし、多数の高品質食品が市場で競合する現代においては、素材の生産方法や加工工程自体がユニークでなくてはいけない。例えば付加価値の高い食品を製造する場合、パンの発酵

工程やチョコレートの熟成工程に熟練従業員を配置し、手作り感や職人の技を組み込むなど、食品のコンセプトに応じて多様なシステムを構築することで競争優位性を確立しようとするのである。

　また、食品の生産と喫食までの期間が長期化することが想定されるため、品質劣化や衛生問題をクリアする必要がある。流通がグローバル化した現代では、HACCPやISOなどの品質認証基準を満たす食品工場の運営システムが現代の市場環境下では必須となっている。加えて、アレルゲン表示などの法的規制、ハラル食品やビーガンなど人間の行動規範による規制など、さまざまな制約化における生産に対応する必要が生じている。機械設備などのハードウェアだけでなく、製造手続きやデータベース管理など、生産システムのソフトウェア強化が重要な要素である。

小売業の生産システム

　小売業の場合、基本的には製造業が生産した食品を販売するが、CVSやスーパー、百貨店では、自社のサプライチェーンにセントラルキッチンを組み込み、食品の生産から消費のリードタイムが24時間以内と比較的短いビジネスモデルも多い。生産から消費までのリードタイムが短いため、製造業で求められるような長期保存性を考慮しなくてよいため、保存料を使用しない、あるいは食品を煮しめて保存性を確保するような加工をする必要性が少ない。一方、例えばCVSの弁当は米飯を炊き上げてから約24時間は電子レンジによる加熱で一定の品質を確保し、または寿司はセントラルキッチンで握ってから24時間は一定の品質を確保するような加工をしなければならない。ゆえに、例えばCVSで販売する寿司米を食品油でコーティングして保護し、寿司ネタは次亜塩素酸ナトリウム水で洗浄した寿司ネタを使用するなど、飲食店とは異なる調理工程を必要とするのである。

　小売業もサービス業同様、店内調理のプロセスを組み込んでいるビジネ

スモデルが多く存在する。百貨店の調理コーナーなど、その多くは顧客に調理プロセスを見せることで食品の知覚品質を向上させる目的であるとともに、工場で半完成品に仕上げた状態の食材を売り場で仕上げることで、食品の生産と顧客の消費時点とを近づけ、同時性を高めることを目的としている。飲食店と比較した場合、厨房施設は極めて限定的であるため、店内加工プロセスを最低限に抑制しつつ、調理のライブ感や品質向上という目的を実現する加工プロセスの分業のデザインが重要である。例えば出し巻き卵を百貨店で販売する場合、液卵と調味液や出汁を混合させた玉子焼きの原液を工場で生産し、数人前ずつ真空包装して店舗に納入する。店舗にガスコンロのみ持ち込み、真空パックから玉子焼きの地を取り出して、焼くだけで良いような加工プロセスの設計を行う。そうすることで、工場で玉子焼きを焼く場合よりも約半日は生産と消費のタイムラグを解消するとともに、店舗における生産効率や売り場効率を確保するのである。

システム化されたサービス業の生産システム

　システム化されたサービス業の場合、顧客接点における何らかの調理工程が存在する。ファストフードレストランでも、ポテトのフライ工程、バーガーのアッセンブル工程などが存在しているが、その目的は、仕上げ工程を顧客の消費時点に近づけることでサービス財の同時性を高め、製造業や小売業に対する品質優位性を確保するためである。例えばCVSの場合、少なくとも顧客が喫食する数時間前にセントラルキッチンで具材をバンズで挟んでいるため、バンズは湿気を帯びている。ゆえに、ファストフードのバーガーの方が高品質である。しかし近年、小売業が急激に品質向上を実現する生産システムを確立しつつあり、サービス業が料理の生産、消費時点を近接させることによる品質優位性が崩れつつある。その1現象として、2006年〜2016年における外食産業の成長率約3％に対し、2006年に7兆8,000億円であった中食市場の市場規模は2016年には9兆8,000億

円へと成長しており、その成長率は実に 25％である[3]。

　チェーンストアのようにシステム化されたサービス業であっても、店舗設備が重装備のため、より多くの減価償却や付帯コストが発生するため、小売業と比較した場合の価格競争力は劣る。そのため、外食産業のように食に特化したビジネスモデルにおける生産システムは 2 極化している。1 つの方向性はマクドナルド社のようなグローバル化による規模の経済の追求であり、もう一方の方向性はモスフードサービス社のような独自化・高付加価値化である。チェーン化されたホテルや旅館のような複合型食サービスビジネスの場合、食以外の要素で付加価値を付け、食品のみを販売する小売業に対する差異化戦略を採用することが多い。

人の技能を前提としたサービス業の生産システム

　人の技能を前提としたサービス業の場合、高付加価値志向を取ることで他の産業セグメントに対する優位性を確立することが可能である。ゆえに、大規模化を志向せず、高技能者の数で事業規模を規定している場合が多い。原則調理師が素材から下処理し、料理に仕上げるため、加工品やセントラルキッチン導入は限定的である。しかし近年、労働に対するコンプライアンス強化の流れを受け、1 日 8 時間労働の範囲内で手仕事による生産システムを維持することは困難になりつつある。加えて、求職者が技能習得のために長期間のトレーニングを必要とする職業を避ける傾向にあるため、高技能者の育成が困難になりつつある。この潮流に対応するため、規模縮小や廃業などの対応を取らざるを得ない企業も出てきている。当該事業セグメントは抜本的に生産システムを再構築し、技能習得、コンプライアンス対応、高付加価値の鼎立を実現する必要性に迫られている。

　この問題に対応するため、例えば経験豊かなシェフの調理技能を再現する調理ロボットの研究や、AI の導入によるレシピ開発の研究など、技能

---

3 『2017 年版　惣菜白書』一般社団法人日本惣菜協会。

者を機械やシステムに置き換えるための基礎研究がすでに始まっている。また、食器の洗浄や運搬工程など、料理の付加価値向上に寄与しないプロセスを自動化し、技能者は調理に集中することができる生産システムもすでに現場における実証実験の段階に入りつつある。特に、日本をはじめとする先進諸国では人口減少社会が現実のものとなりつつあり、このような潮流は食ビジネス分野のみならず、あらゆる労働集約型産業の趨勢となっている。

　一方、調理工程自体をイノベーションし、高技能を前提としつつも料理の価値向上に、あるいは省力化に資する生産システムの研究が進展している。例えば分子ガストロノミーは科学分野の知見を料理に適応することで、今までにない新たな料理や、革新的な調理技法を創造している。また、真空調理やコンベクションオーブンなどを駆使して、高技能者でなくても高品質の料理を作れる、あるいは高技能者の料理を長期間保存可能にする技術分野も研究の進展を見せており、従来よりも少ない技能者で高付加価値レストランをオペレーションすることが可能になりつつある。

3 人による生産システム——調理場の生産管理

　食品工場の進化や科学的調理法の開発、近年では調理ロボットの開発など、さまざまな知見の導入による食生産プロセスの自動化、効率化が進展を見せている。しかし、食は最も原始的なサービスであり、家庭内から調理プロセスが完全に消える、または全てのレストランで調理スタッフが不在になるところまで合理化が進展するわけではない。一方、きわめて柔軟に対応できる人間の存在は、大量生産による効率化ではなく、顧客の好みに応じてきめ細やかに製品やサービスを提供する必要性が高まっている成熟社会において、重要なファクターである。本節では、人が中心になって調理するキッチンを前提とした生産管理システムのあり方について概説する。

キッチンの生産管理システム

　キッチンでは、調理師が煮物、焼物、揚物、デザートなどの料理技術で、あるいはオーブン、ストーブなどの調理機器でセグメントされた料理分野ごとに担当者が配置され、分業による生産システムが採用されている。この生産システムを維持するためには、分業区分と同数の人員配置が必要となる。例えば煮物、揚物、焼物、刺身という4つの調理場所があり、各調理場所に人員が配置される場合、当該キッチンの生産システムを維持するための人員は4名である。顧客の需要が一定数以上発生する場合、各調理場所の稼働率は高くなるために生産効率は確保できるが、例えば雨の日のように需要自体が少ない場合、生産効率が急激に悪化する。逆に、顧客の需要を各調理場所1名で対応できない場合、各調理場所に2名ずつ人員すると人員過剰になる恐れもある。ゆえに、顧客の需要変動に対して柔軟に対応できる方法論の確立が求められる[4]。

　第1の方法論は需要変動に対する投入労働量の同時性を向上させることである。例えば顧客の需要と各調理場所に配置された人員数が均衡する場合は高い生産効率の実現が可能であるが、例えば顧客の需要が各調理場所の人員数に対して50%である場合、従業員数を半分に削減したくても、従業員の作業分担が調理場所で規定されているため、人員を削減することができない。顧客の需要変動に応じて、より柔軟に投入労働量を変更できる生産システムの導入が望ましい（図2）。ゆえに、1人が複数の調理場所を兼任可能にするための多能工化が必要であるが、チェーンストアのようにシステム化されたサービス産業の場合、パート社員比率が高いために多能工の育成は困難である。ゆえに、セントラルキッチンで調理し、キッチンで求められる技能を単純化することが求められる。一方、高級店のよう

4　新村猛、赤松幹之、松波晴人、竹中毅、大浦秀一「作業稼働率と品質向上の両立を目指したレストランの調理作業組み換えに関する研究」『日本経営工学会論文誌』Vol.63 No.4, 258 ～ 266頁、2013年。

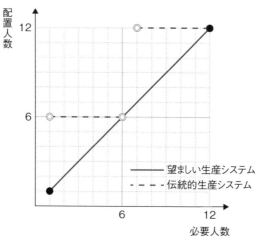

図2　生産システムと投入労働量の関係
出所：筆者作成。

に多能工を雇用しているサービス産業の場合、1人で複数の調理場所を担当可能にするように、設備環境デザインを改善することが求められる[5]。

　第2の方法論は需要変動に対する投入労働量の同時性を下げることである。すでに述べたように、食品の熟成プロセスや真空調理技術を活用することにより、料理の生産と消費の同時性を下げることが可能である。例えば冷菜の場合、素材の水分のみを氷結させるが細胞自体が氷結しないパーシャル温度帯で保管することで冷菜の品質を長期維持できるため、調理時点と消費時点の同時性を下げることが可能である。一方、温菜の場合は真空調理やコンベクションオーブンを活用することで長期期間の保存が可能になる。例えば魚の煮物を長期保存する場合、K値の熟成期間を活用し、まず魚を下処理した後で調味液とともに真空状態にし、パーシャル温度帯で保管する。顧客の注文を受けた時点でコンベクションオーブンを用いて

5　T. Shimmura, T. Takenaka, and S. Ohura, "Improving productivity and labor elasticity at multiproduct Japanese cuisine restaurant introducing cell production system" Proc. of International Conference Advances in Production Management Systems, pp.11-17, Pennsylvania, September, 2013

加熱調理することで、イノシン酸が熟成し、かつ非熟練者でも安定した品質の煮物を顧客に提供することが可能である。

　このように、キッチン全体の生産システム、あるいは個別の調理や保管技術の活用によって生産効率の確保を可能にしたとしても、実際の現場で生産性向上を実現することは簡単ではない。顧客の需要を正確に予測することが困難である上、人員配置を決定するのは労働基準法の制約上、固定労働時間制あるいは週間変形労働時間制の場合は前週、月間変形労働時間制の場合は前月であるため、需要変動に応じた柔軟な投入労働量の決定は困難である。ゆえに、より正確な需要予測技術やシフトスケジューリングといったソフトウェアも、人による生産システムにとって欠くことのできない要素である。

　需要予測の研究は食分野のみならず、あらゆる産業分野において研究されているが、正確な未来予測が不可能であるのと同様、非常に困難な技術である。しかし、さまざまな研究の進展により、需要変動要因として考えられる要素は明確になりつつある。例えば気温は食ビジネスにとって重要な需要変動要因であるが、ビール産業の場合、冷夏であれば需要が減少し、気温が上昇するにつれて需要が増加するものの、猛暑日が長期化すると夏バテの関係で逆に需要が減少する。また、降雨量も食の小売・サービス業にとって重要な需要変動要因である。1時間当たりの降雨量が10mmを超えると、地下街や駅中など、雨の影響が出ない立地を除いて需要が減少する。さらにビジネスモデルによって異なるが、季節指数や曜日指数と売上の変動とに高い相関があることはさまざまな研究で実証されている。それにもかかわらず需要予測が困難なのは、近隣のイベント、交通渋滞、競合店のフェアなど、データ化して把握することが困難な無数の需要変動

6　T. Shimmura, K. Arai, T. Yamamoto, S. Oura, N. Fujii, T. Nonaka and T. Tanizaki "Multiproduct Japanese Cuisine Restaurant Improves Labor Productivity by Changing Cooking Processes Using a Partial Refrigerator, Proc. of 5th International Conference of Serviceology, pp.169-177, Wienna, July, 2017.

要因が存在していることである。近年、AI 研究の飛躍的な高度化により、Web を用いたテキストマイニングと需要変動要因のデータマイニングを組み合わせた需要予測技術の確立が予想される。こういった技術をいち早く確立し、現場幹部の経験を技術で補うことが求められる[7]。

　スケジューリングは、すでにさまざまな分野で技術研究が進んでおり、工場などの製造現場のみならず、ナーススケジューリングのようなサービス産業分野においても社会実装されている。適切なスケジューリングを組む場合、まず必要作業量に基づく稼働計画が確定されなければならない。作業は、例えば開店準備や掃除のように需要発生と無関係に発生する作業と、調理や洗い物のように需要変動に応じて発生する作業とに大別される。その作業を適切な時刻に割り当て、時間帯ごとに必要とされる人数およびスキルを定義することで、稼働計画が確定する。次に、従業員の出勤可能日時や希望シフトを考慮し、稼働計画が求める人数およびスキルを充足する出勤体制を組み上げていく。

　この一連の過程を、コンピュータ上でスケジューリングを組むため、いくつか考慮すべき要因がある。例えばフライヤーの1バッチの調理数上限が5人前で5人前揃ってから調理するというセッティングの場合、6人前の注文が入ったときには先の5人分を1バッチで処理するが、最後の注文は調理されないため、需要が発生していても調理できない物理的制約条件となる。また、リードタイムといった時間的要因も考慮しなければならない。例えば煮魚定食を調理する場合、ご飯をよそい、味噌汁を作るのに5分程度しか要さないが、煮魚がボトルネックとなって煮魚を煮るのに20分かかる場合、煮魚定食のリードタイムは20分となる。さらに、稼働計画通りにシフトを組むための人的要因も重要である。例えばレストランにとって年末は非常に忙しいが、アルバイトも多忙な時期であるため、店長

7　T. Takenaka and T. Shimmura, "Practical and Interactive Demand Forecasting Method for Retail and Restaurant Services", Proc. of International Conference Advances in Production Management Systems, No.3-4:2（2011）

がシフトを組むのに苦労する時期である。そのため時給価格の変更や食事などのインセンティブなどを提示し、必要人員の確保を図る必要がある。

4 機械による生産システム——工場の生産管理

　前節で説明した人による生産システムと、工場における生産システムが本質的に異なるわけではない。機械装置などの設備環境を整え、人が設備を稼働させて食品や料理を生産するという点において、両者は同じものであるということができる。しかし、工場の場合は食品の生産時点と顧客の消費時点が異なるため、計画生産が前提である。加えて、食品工場においては大量生産が前提であるため、食品ごとにラインを組んで生産することが多い。さらに、人のスキルではなく、機械設備の生産能力によって生産能力および品質が規定される。本節では、工場の生産管理について、人による生産システムとの相違点を比較しながら、その特性について概説する。

　人による生産システムとの最大の相違点は、生産と消費の同時性が低いことである。食品工場に併設された直売所のような例外を除くと、工場生産された食品は流通経路を経て小売店や飲食店に納品され、その後に消費される。ゆえに、長期保存を前提として食品を生産することが多く、品質劣化や防腐を主目的とした食材の加熱や凍結、真空包装やフリーズドライなどのプロセスが組み込まれることになる。例えばカット野菜のような生鮮品の食品工場も存在するが、その場合でも次亜塩素酸ナトリウムで殺菌するなどの防腐プロセスを経ることになる。しかし、これらのプロセスは食品の風味を損なうことが多いため、飲食直前に調理した料理よりも品質が劣る場合が多い。ゆえに、例えば冷凍うどんの場合は、職人が讃岐うどんを打つ場合の足ふみ工程やかまゆで工程における加圧や時間経過などの物理的なデータ計測に基づき、同様の結果を生むためのマシンを開発し、生産工程に組み入れるなど、人間の技能を機械に置き換えることで品質向

上を図ったり、麺のコシを維持するためにキャッサバの粉末を配合するなど、生産プロセスの相違点を考慮に入れた製法自体の変更を行うことで補完するのである。

　また、食品工場は飲食店のキッチンよりも設備投資額が大きいため、当該設備の減価償却期間が長い。ゆえに、減価償却期間に対応し、同種の食品を大量生産することが経営上求められる。食品工場における生産は、長期生産を前提とした製品ラインナップを組むとともに、稼働率を向上させるための創意が求められる。例えば菓子工場でバームクーヘンを製造する場合、機械の稼働率を向上させるためには同一ラインで複数の品種を作ることが望ましい。例えばプレーンのバームクーヘンだけではなく抹茶味やチョコ風味のように、配合を変更するだけで同一ライン生産を可能にする製品ラインナップの企画や、バームクーヘンを焼き上げた後に外側に砂糖をコーティングし、"しゃりしゃり"した食感を加えることで別の風味をだしたり、チョココーティングすることで違う商品にするなど、生産ラインの川下に違うプロセスを組み込むことで製品ラインナップの多様性を可能にするなどの工夫を行うのである。

　設備の生産能力は、生産量と品質との2側面を有する。例えばカップラーメンの生産ラインを組む場合、製麺機1台の生産能力が日産1万食である場合、日産10万食を目標として生産ラインを組むのであれば当該機械装置が10台必要となる。仮に日産2万食の製麺機価格が日産1万食の機械の1.8倍であった場合、当然日産2万食の機械を5台購入してラインを組むことが望ましい。基本は、必要生産能力を効率的に充足させる設備量決定を行うことが望ましい。しかし、麺を揚げてカップラーメン用に加工するプロセスが川下にあり、当該麺フライラインの生産能力が1ライン9万食である場合、製麺能力が10万人前であっても食品工場の生産能力は9万食に制約される（図3）。仮にフライライン1つを追加すると生産能力は18万食となり、目標とする生産能力を大きく超え、過剰投資となってし

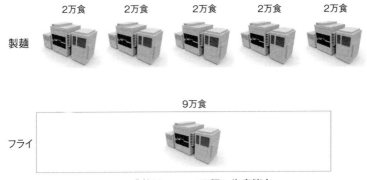

製麺　2万食　2万食　2万食　2万食　2万食

フライ　9万食

図3　製麺とフライ工程の生産能力
出所：筆者作成。

まう。ゆえに、日産2万食の製麺機4台、1万食の製麺機が1台、9万食のフライラインが1という構成が、目標とする生産目標10万食に最も近い設備装備ということになる。

　設備と品質との観点を検討する場合、当該設備投資の金額と、食品の付加価値に裏打ちされた販売価格との相関を考慮しなければならない。仮にチョコレート工場の設備設計を行う場面で、1台1,000万円と2,000万円の焙煎機が候補として挙がったと仮定しよう。当然2,000万円の焙煎機が高品質のチョコレートにとって望ましい設備であるが、果たして2倍の価格で2倍の品質を実現することができるのであろうか？ Part 3の第4節で述べたように、人間の味覚に対する評価は線形ではないため、2倍のおいしさを感じるために2倍の品質が求められるとは限らない。ゆえに、設備の能力とチョコレートの品質、そして販売価格との相関を検討し、どちらの機械がより望ましいかについて考える必要がある。ゆえに、設備設計者、マーケティング担当者、生産技術担当者でクロスファンクショナルに議論することが求められる。

　生産システムを設計する場合、完全自動化を目指すと非常にコスト高になることが多い。例えばチーズケーキの生産ラインを設計する場合、チーズと生クリーム、卵や薄力粉などを順次ブレンドして生地を生成し、チー

ズケーキの型に流し込んだ後オーブンなどで数十分焼き上げ、その後に冷却するという生産プロセスを経る。この工程自体を完全自動化することは設備投資次第で可能であるが、例えば材料の搬入から機械に投入するプロセスまで自動化する場合、まず材料の検質および検量をしなければならない。また、納品のために包装された包材を開封して材料を取り出し、生産ラインまで運搬して材料を投入しなければならない。こういったプロセスまで自動化する場合、自走運搬機や品質測定器、双腕ロボットなど多くの設備を必要とする。経済合理性を考慮に入れると、こういったプロセスは人が担当し、材料投入以降を機械化する作業分担が望ましいと思われる。

　設備と品質とについて検討する際、機械と人間の組み合わせについてもあわせて検討する必要がある。食品の場合、例えば適切な熟成や発酵具合を確認するために人間が介在する場合が多い。たしかに近年、人工知能の発達や各種計測機器の発達により、硬さや大きさ、配合比率など数値化が容易であり、かつセンサや計量器で計測可能な食品の場合、機械で生産プロセスを組んだ方が人間よりも安定した高品質の食品を作れるようになってきた。前述のうどんなどは、すでに職人の打ったうどんに引けを取らない、場合によっては職人よりも高位安定した品質のうどんを実現している。

　しかし、ワインの発酵やパン生地の熟成のように、環境条件の相違によって大きく品質が異なる食品を生産する場合や、魚のように材料の個体差が大きい食品を扱う場合、より柔軟に思考し、判断できる人間のほうが望ましい場合も多い。加えて、人間の感覚が機械で置き換えられない精巧さを持つ領域も多い。例えばトップクラスの家具職人は、マイクロメーターで補正しきれない精度のカンナの刃の平衡を、自分の感覚で調整することが可能である。特に食品の場合、品質を評価するのは人間であるため、品質評価は訓練を受けた人間が担当する方が望ましい場合の方が多い。人間が甘味を評価する場合、単にスクロースなどの含有量だけではなく、ほろ苦さとの組み合わせや食感などを統合して評価している。クラフトマンシッ

プを生産プロセスに組み込み、機械工程だけでは実現できない高品質な食品を生産することが可能になる。

5 食品の規格設計
——生産システムを組むための要素

　Part 3 では、料理自体のデザイン－色彩や意匠、提供方法や食感など、料理自体の設計方法やおいしさのデザイン方法について俯瞰的に解説している。料理を一つの製品として設計する場合、賞味期限の設定や消費環境に合わせた用法設計、価格と見合う工数や工程、容量の設計など、周辺設計をあわせて行う必要がある。本節では、料理を製品として生産、販売する場合に求められる基本的要件について概説する。

賞味期限、消費期限の設定

　例えば車のような機械製品の場合、一様に耐用年数を決定することは難しい。ユーザーの乗車頻度、海に近い立地での乗車が多いなどの環境要因、運転者のスキルに起因する車の摩耗など、さまざまな要因によって実際の耐用年数が変わってしまう。一方、有形財としての食品の場合、同じ条件下で生産されたものは、原則同じ賞味期限を持つ。食品の場合、品質劣化は指定された保管方法、例えば冷蔵庫や冷凍庫で保管されることが多いため、一律に設定しやすい。また、食品の劣化は工業製品と比較した場合非常に早く、例えば牛乳であれば一般的に製造翌日から1週間程度で設定されている場合が多い。食品は人間の体内に直接摂取されるため、品質劣化は即消費者の生命や安全に影響を及ぼす。そのため、実際に喫食できる期間よりも短い期間で賞味期限が設定される。

　食品の場合、賞味期限と消費期限という2つの概念でデッドラインを設定している。賞味期限とは当該食品が想定している保管環境下で、かつ未

開封保管であれば、おいしく喫食できる期間の事である。一方、消費期限とは正しい保管環境で未開封であれば安全に喫食できる期間の事であり、一般的には品質劣化が激しく、食べられる日数が数日以内と短い食品に設定されることが多い。賞味期限や消費期限を適切に設定するため、食品の製造過程における殺菌や防腐、フリーズドライやレトルトといった加工法などを検討し、当該食品にとって適切な製法を選択する必要がある。当然、冷凍保存やフリーズドライの賞味期限は長期間化するが、付加価値の高い食品を供給したい場合、保存期間よりも風味や品質を重視するため、賞味期限が短期間化されることが多い。食品の市場価値と製法、賞味期限を総合的に検討して決定する必要がある。

用法設計

　用法設計とは、その食品が喫食される環境や使用方法を想定し、最も適した食品の形状や包材の形、材質を決定することである。飲食店やホテルの場合、椅子やテーブルがあり、手洗い施設やタオルがある環境下であることが多いため、料理自体の設計のみで問題ない場合が多い。一方、飲食店外の環境は多彩であるため、場合によっては食べる機能以外の設計を求められることが多い。例えばコンビニのおにぎりは、お皿のない環境下で食べることが前提であり、カップラーメンは鍋を使って調理することはなく、かつ調理した後で丼に移さないことが前提である。そのような環境下で快適に食べられるように、おにぎりであれば手を汚さず海苔をご飯に巻き付ける包材の開封法や、カップラーメンであれば食べるときに手で持っても熱くないような包材の選定を行うことは、味や食感の設計同様、重要な要素である。

　さらに、実際に飲食する環境における食前食後の行動を想定した用法設計も重要である。例えばキャンプに行く際の携行食品を設計する場合、金属や硬い素材の包材を用いるとさまざまなシーンで不具合が生じる。例え

ば、食料をリュックサックに入れて持ち運ぶ場合、荷物が重くなるほか、形状が変わらないために多くの空間ができ、鞄の積載量が少なくなってしまう。また、食後の包材を持ち帰る際に容量が大きくなるため、キャンプ携行食の容器としては不適である。持ち帰る際に他の荷物を汚さないよう、汁気を拭き取ったり洗ったりしやすい包材の材質や、持ち帰るときに軽量で小さく折りたたむことができる重さや硬さであれば利便性は高い。加えて、レトルト食品のように破れにくく、かつ形を変えやすい包材であれば荷造りの時も利便性が高い。このように、さまざまな食のシーンを想定し、適切な形状や機能を備えた食品の設計をすることが求められる。

工程設計

　工程設計は、後にのべる製造原価との関連も深く、食品の品質や収益性に大きな影響をおよぼす。例えば、うなぎのかば焼きを製造する場合、関東系のかば焼きであればうなぎをまず素焼きし、その後蒸し上げることによって余分な油脂を落とすため、あっさりした仕上がりになる。一方、関西系のかば焼きの場合、素焼きや蒸し工程はなく、うなぎを開いた状態から直接焼き上げるため、よりこってりとした、焼いた香りの強いかば焼きに仕上がる。仮に関東系のかば焼きを企画した場合、白焼き、蒸し工程が発生するため、関西系のかば焼きよりも工程が多く、より多くの生産設備を必要とする。関西系のかば焼きは1工程（焼き工程のみ）であるのに対し、関東系のかば焼きは3工程であり、関東系のかば焼き工程が多い分、製造原価はより高くなる。

工数設計

　工数設計も工程同様、品質や製造原価にとって重要な概念である。工程同様、うなぎのかば焼きを例に工数について考察する。うなぎを焼く場合、たれにつけて一度だけ焼くわけではなく、たれ付け、焼き工程を何度か繰

り返してかば焼きに仕上げる。当然、たれ付け回数が少ないほどあっさり
した仕上がり、かつうなぎの脂分が多く残っているかば焼きになる一方、
回数の多いかば焼きは味が濃密になり、より焼しめられたかば焼きとなる。
当然、工数が多いほどたれのコストは高くなるとともに、機械の回転率は
下がり、製造原価は上昇していく。何回たれ付けと焼きを繰り返すかとい
う工数を検討する際、完成品の品質と原価を比較考慮し、より高いレベル
で品質とコストが均衡する工数を決定しなければならない。

容量設計

　容量設計は、製品の特性や食べ方、価格などの要素を総合的に検討され
なければならない。日本人の成人男子における可食量（飲料除く）はおお
むね800gであるが、成人男性が食べることを前提にしたカップラーメン
やうどんのボリュームを800gにするわけではない。例えばおにぎりや弁
当と取り合わせて食事する、といった消費行動を考慮した容量の決定を行
うべきであるし、カップラーメンを必ず昼食や夕食で食べるわけではなく、
間食として食べる場合もある。ゆえに、カップラーメンは標準的なサイズ、
ラーメンのみで1食完結する大盛タイプ、食間に小腹を押さえたり、他の
主食と合わせて食べるミニサイズの3タイプ用意されている。

　価格の側面から容量を検討する場合、食品が調理されるシーンと、経済
合理性とのバランスを中心に検討しなければならない。食品は原則1人前
を1包装している場合が多いが、例えば複数食分を1つの商品として包装
するうどんや餃子などが効率化の典型例である。うどうや餃子は主として
家庭内で調理されることを想定しているため、複数人が家庭内で飲食する
ことを想定し、複数個を1つに封入することでコストを抑えるとともに、
省力化を図る。個別包装を避けることで流通コストや包材費用を抑え、よ
り安価に顧客が購入できるようにする工夫である。しかし、その時に食事
する人数と、食品の包装ロットとの間に大きなかい離が生じると、開封後

の食品が傷み、結果としてコスト高になることも考えられる。それを避けるため、例えば 10 人前のうどんを 1 商品として販売するが、5 人前ずつ包装することにより、実際に調理する際に全部用いなくても保存可能な状態にすることで、コスト抑制と利便性とを両立するような工夫を行うことが求められる。

6 食と時間管理──腐りかけの食べ物がおいしい？

　時間という概念は製品にとってどのような意味があるのであろうか？製造業の場合、一般的には時間の経過は品質劣化であり、商品価値の下落を意味する場合が多い。例えば、車の価値は新車の時点が最も高く、時間の経過とともに下落する。また、新しいモデルが発売されると古いモデルはいわゆる「型落ち」となり、値引き対象になってしまう。いわゆるビンテージカーなどはその希少性で時間経過とともに価値は向上するが、それはメジャーな話ではない。では、食ビジネスの分野においても製品同様、時間の経過とともに品質は劣化するのであろうか？　本節では、食と時間の関係について概説する。

　まず、素材について考えてみよう。例えば刺身用の魚、サラダ用の野菜などの生鮮食品は、時間の経過とともに品質が劣化することが多い。特に、素材にとって良くない条件下で保存した場合、1 日も経過すれば食品に適さない水準にまで劣化することもある。素材も製品同様、時間経過とともに品質が悪化していく。

　しかし、時間経過に伴う素材の成分変化を利用し、保存によって素材の品質を向上させる技術が長年にわたって培われてきた。例えばフナ寿司は、魚が取れない時期や地域でも魚を食べられるように長期保存するための技術であるとともに、食糧が貴重であった時代に魚の骨や頭まで食べられるように柔らかくする技術であった。また、屠殺直後の牛肉は身が固い上、

イノシン酸などうまみ成分の含有量が少ないために味が良くないので、屠殺後数週間熟成させる。熟成は肉の適度な柔らかさとイノシン酸の熟成とをもたらし、牛肉の品質を向上させる効果を持つ。さらに、猛毒ゆえに本来食べられない河豚の卵巣を塩分濃度の高い塩水に漬け込み、その後糠（ぬか）や米麹などとともに漬け込んで毒気を抜き、食べられるようにする河豚の子の麹漬けという技法が北陸地方の一部で発達した。このように、時間経過を利用した素材の価値向上技術はさまざまな素材分野で開発されている。

　素材を料理するプロセスにおいても時間経過による変性を利用し、価値向上を図る技術は数多い。例えば、鯛の刺身は活〆（活け締め）にした後数時間寝かせてイノシン酸を熟成させることで、即殺後よりもおいしい状態の鯛の刺身として提供される。鯛の刺身は翌日になると身が緩むため、特に関西において好まれる"活かり気"がなくなるので商品価値は落ちる。そのため、鯛の身をグルタミン酸が多く含まれているコブで包んで保管することで、鯛の熟成によるイノシン酸含有量の増加、およびコブのグルタミン酸との旨みの相乗効果により、鮮度の良い鯛の刺身とは違った旨みを持つ鯛のコブ締めとして提供されるのである。一般的に、刺身はK値が20に達した段階で生食に向かなくなるため（Part 3の第5節参照）、一定期間を経過した鯛の身は焼物や煮物など、よりイノシン酸が多く含まれることで味が良くなる加熱調理品用の素材として用途変更していく。

　一方、食品や飲料のような食製造業の扱う製品にとって、時間はさらに大きな意味を持つ。例えばウイスキーやスコッチのような蒸留酒は、精製後樽に詰めて長期保管することで味わいに深みが出るため、時間経過が長いほど高品質である。ウイスキーであれば12年物、18年物、21年物などと、保存年数が多くなるにつれて価格が向上するのである。日本にも泡盛や焼酎など長期保存可能な酒をエイジングし、価値を高めることができる酒が数多く存在する。一般的に焼酎やウイスキーのような蒸留酒が長期保

存に適しているが、ワインのような発酵酒でも正しい保管条件下での長期
保存は可能であるため、良いヴィンテージのワインを飲み頃になるまで熟
成させ、品質を高めることは可能である（ただし、全てのワインが熟成に向く
わけではない）。例えばロマネ・コンティなどの希少なワインであれば、良
いヴィンテージのワインは1本数百万の高値が付くほどである。さらに、
数十年にわたって保存された干し鮑は非常に珍重され、高価なものになる
と数十万円の価格が付く。このように、調理時点における原価が同じであっ
ても、時間経過とともに熟成させることで価値を大きく向上させることが
可能である。

　これらの技術は自然環境下における素材の熟成や発酵という現象を利用
した伝統的なものであるが、近年は科学的な手法を取り入れることにより、
従来とは違うアプローチで品質向上を図る取り組みがなされている。例え
ば、真空調理法は20世紀後半に開発された技術であるが、素材の品質劣
化を抑える効果があるため、従来熟成によって旨みを引き出すことができ
ない素材の熟成を可能にした。真空調理は、まず素材を殺菌するために熱
湯消毒など殺菌処理を施した後、素材の温度を90分以内に冷却し、必要
に応じて調味液とともに脱気して真空状態にする。その後、加熱食材は湯
煎やスチームコンベクションで調理し、再度冷却してパーシャル庫で保管
するというのが真空調理の一般的なプロセスである（写真1）。

　ここで、素材の腐敗について整理しておきたい。素材の劣化は、酸素に
よる酸化、食中毒菌の繁殖による腐敗、食中毒菌の成育を助長する水分（自
由水）の3要因によって起こるため、品質劣化回避のためには酸素、食中
毒菌、水の管理が重要である。真空調理は、まず熱湯消毒または脱気後の
加熱などによって素材の食中毒菌を殺すとともに、素材を真空状態にする
ことで酸素を遮断し、参加を防止する。加えて、パーシャル庫で保管した
場合は素材に含まれる水分を凍らせるため、素材の保管に適した環境とな
るのである。このように、真空調理、定温調理、パーシャル保管を組み合

写真1　真空調理された素材
出所：筆者撮影。

わせることで、従来の自然環境下における、または冷凍冷蔵庫による保管とは異なった素材保管環境を創出することが可能になる。

　このように、食領域において時間は、品質劣化要因にも、向上要因にもなりうるということである。ゆえに、食ビジネスにおいて食品や料理の価値向上を図る場合、素材の性質をよく理解し、素材の熟成や発酵プロセスをうまく活用し、完成品の付加価値を大きく向上させることで労働生産性を大きく向上させ、顧客満足を高めることが重要である。さらに、すでに述べたように時間経過と熟成、発酵の関係をうまく生産プロセスに組み込み、製造原価の最少化と付加価値向上との両立を図ることでさらに生産性を向上させ、企業の持続的競争優位を確立していかなければならない。

　このような時間経過に伴う変性を価値向上に生かすのは食ビジネスだけではない。自然物を利用した製品の場合、時間経過を利用して価値向上を図る例は多い。例えば木材は伐採時に多くの水分を含んでいるため、建築材として適さない。ゆえに、木材を一定期間乾燥させて建材に適した含水量になるまで保管する必要がある。また、陶芸用の土も採取後すぐに加工するのではなく、一定期間、長い場合であれば十年間にわたって貯蔵して陶芸に適した土を作る。長期保存によって土の中にバクテリアが発生し、素材の発酵と類似の作用が働くことで成形しやすく、水に対する耐性の強

い土に変性するのである。このような分野は食ビジネスにおいても活用できる現象は多いため、積極的に研究して食の価値向上に適用していくことが望まれる。

7 食の価値評価と収益管理
——日によってマグロの価格は変わる？

　産業革命以前、製品の原価は比較的単純に計算することができた。例えば鍛冶屋が包丁を作る場合、製造原価は素材である鉄の購入費用、鍛造する際のコークスなどのエネルギーコストなどを集計して材料費を計算し、生活費などの必要利潤を加算して売価設定をするのである。しかし、産業革命は生産システムの大規模化・高度化をもたらしたため、製造原価の把握が困難になった。例えば製鉄所において鉄鉱石を2年分備蓄すると仮定した場合、鉄鉱石の原価は調達時点なのか、使用時点なのか、その平均値なのか、によって大きく変動する。こういった課題に対応するために原価計算という研究領域が形成され、さまざまな手法が提案されるようになった。本節では、食分野における製造原価計算の要点について概説する。

　食ビジネスも産業の1種であるため、特殊な原価計算を必要とするわけではない。ゆえに、原価計算領域で学ぶべき基本を理解し、自社における適切な原価を計算することが求められる。詳細は専門書に譲るが、製造原価は一般的に材料費、労務費、経費を足し合わせて製造費用を求め、期首、期末棚卸金額を加減して製造原価が求められる。さらに、費目ごとに直接その製品の原価として計上する製造直接費と、一定の基準に基づいて割り当てられる製造間接費とに分けて計算することが求められる。例えばケーキ工場で焼くイチゴケーキの製造ラインで勤務する従業員の人件費は製造直接費であるが、ケーキの品質検査をする従業員の人件費は製造間接費であるため、出庫数量や出庫金額など、何らかの基準に従って割り当てられ

る。

　食製造業の場合、基本的に工場生産であるため原価計算は一般的な計算方法を当てはめることが可能である。例えばビール工場の場合、材料費である麦芽の仕入れ価格が日々変動しているが、最終仕入れ法や移動平均法、先入れ先出し法で適切な材料費を求めればよい。また、ビール生産ラインの減価償却費は製造直接費として計上し、生産管理の情報システム保守料や検査部門の設備費用は製造間接費として計上することになる。また、食小売業の場合、完成品としての食品を仕入れているため、材料費は仕入れ価格で確定しており、食を扱うビジネスとして固有の考慮は必要ない。

　しかし、食小売業ないしはサービス業の領域において、その特性上いくつか考慮すべき点が存在する。第1の特性はサービス財の変動性に起因する完成品の品質である。寿司を例にしてサービス財の影響を考察する。マグロの握り1貫の原価は寿司シャリが20円、マグロが100円、材料費合計が120円、売価が300円であったと仮定する。この場合、原材料費を除いた付加価値高（粗利益高）は180円であるが、はたして鮪の握りの付加価値は等しく180円であろうか？　仮に個人営業の寿司店であれば職人は主人1人であるため、おおむね均質な寿司が顧客に提供される。しかし、経験30年の調理長、10年の中堅、3年の若手3名で運営されている寿司店の場合、寿司を調理する従業員によって寿司の価値が大きく変動するため、定められた300円と実際の商品価値との間に大きなかい離が発生する。相対的に価値の低い寿司を食べる顧客の満足度が低下する結果を招来するため、原価計算上の付加価値額と、実店舗で提供される付加価値とのギャップを考慮に入れた原価や売価を設定しなければならない。

　また、原価計算上の材料価値と実際の材料価値の評価についても検討しなければならない。例えば穴子を刺身、焼物、煮物で提供する場合の材料評価について考察する。仮に1匹500円の穴子を仕入れた場合、原価計算上の可食部分の穴子の材料費は500円÷歩留まり60％＝833円となるた

め、穴子1匹を用いた刺身、焼物、煮物の材料費は833円ということになる。しかし、実店舗で穴子料理の価格を見てみると、同一価格で販売している場合と、異なる価格で販売している場合とが見受けられる。なぜこのような相違が生まれるのであろうか？

　同一価格で提供している店舗は、穴子の材料費を原価計算上の価格で評価している1匹の穴子にかかっている原価は等しいのだから、価格変更をする必要がないという考えに基づく。一方、異なる価格で穴子を販売している店舗は、穴子の材料としての価値が時間経過とともに変化するため、均一価格で売らないと考えている。調理師は良く"落とす"という言葉を用いるが、この場合は魚の鮮度が良いものが上質と考えるため、仕入れた当日は刺身用の材料として用い、時間経過とともに生食に適さなくなるので煮物や焼き物に"落とし"、刺身と比較した場合安い価格設定をするのである。当然、材料としての評価は落ちるものの、実際の材料費は833円であるため、焼物や煮物の粗利益率は下がる。一方、手間をかけて穴子を熟成させてイノシン酸を増し、価値を向上させた材料と評価した場合、刺身に対して煮物や焼き物の価格を高めに設定することになる。このように、原価計算上の価格は一定であるのに対して材料価値の評価は考え方によって異なるため、自社における材料評価のポリシーが重要な判断基準となる。

　原価計算および収益管理上で考慮すべき第2点は、サービスの同時性に起因する在庫問題である。例えば食小売業では、粗利益率と値入率という問題がある。値入率とは商品販売前の付加価値額であり、粗利益率は商品を販売した後の付加価値額である。品質劣化しない製品を扱う場合、発売から値下げまでのリードタイムが長いため、トップないしは経営幹部が総合的に価格変更を判断できるが、食品の場合は品質劣化に伴う売価変更は販売日に行うため、売価変更の判断はパートタイマーが行うことが多い。

　例えば寿司の盛り合わせを材料費500円、販売価格1,000円とした場合の値入率は50%である。しかし、夕刻に多くの寿司が売れ残ったため、

119

残りの寿司を800円で販売した結果、その日販売した寿司の50%が800円、50%が1,000円（販売数は同数とする）であった場合、800円×50%＋1,000円×50%＝900円が平均売価であるため、実際の粗利益率は44.4%となる。寿司盛り合わせの品質が1,000円の水準を保てるのは製造完了から何時間経過後なのかという品質評価が粗利益率管理にとって重要であるとともに、今日の販売数量見通しに伴う、売り切りを目標とした値下げという需要変動のコントロールが重要である。

　また、調理技能の相違によって調理に要する時間も大きく異なるため、労務費や材料費の計算にも注意しなければならない。前述の寿司を例にとって技能と時間との関係を記述すると、熟練調理師であれば寿司を握るプロセスは1貫あたり6秒から8秒、中堅の調理師であれば8秒から12秒、未習熟の調理師であれば12秒から15秒程度かかる。これが複雑な調理プロセスを要する料理や素材であれば、その差はさらに大きくなる。例えば河豚の解体や鱧の骨切などであれば、この時間差はさらに大きくなる。原価計算をする場合、料理ごとの所要時間の平均と分散を計測し、適切な標準作業時間を求めて労務費を計上する必要がある。さらに、調理作業者によって食材の歩留まりも大きく変化するため、調理技能差に起因する歩留まりの分散もあわせて計測し、実際的な歩留まり率設定することが求められる。

　労務費計算を行う場合、作業時間に賃率をかけ合わせて求められるため、賃金が重要な要素となる。あるべき姿は、調理技能の水準差がそのまま賃金に反映しているのが望ましいが、従業員の賃金は技能だけではなく、人柄や勤続年数、役割責任によって定められるため、スキルと賃金単価が必ずしも一致するわけではない。しかし、食ビジネスにおいてスキルは料理の品質と大きな相関があるため、技術要素を十分に考慮した賃金制度の設計が必要である。人事部門だけでなく、生産部門や技術部門と協議し、バランスの取れた人事制度設計を行うことが、より現実的な原価計算にとっ

て重要な条件である。

8 食の在庫管理——クリスマスケーキのビジネスモデル

　食ビジネスの場合、在庫管理は扱う食品または料理の性質によって採用されるアプローチが大きく異なる。例えば缶詰や飲料のように長期在庫が可能な食品の場合、在庫管理は製造業と特段変わることはないが、単価の高いレストランの場合、提供する料理は在庫すること自体が困難であるため、製造業的な在庫管理の適用範囲は限定的であり、かつその手法は製造業と大きく異なる。本節では、食ビジネスを製造業、小売業、サービス業に分け、それぞれに求められる在庫管理の特性について概説する。

製造業の場合

　クリスマスケーキ市場を例にとって各々の在庫管理を見てみよう。食製造業の場合、ケーキを冷凍保存することで在庫期間を長期化することが可能であるため、在庫期間を最大限活用した生産計画を組むことができる。例えば冷凍による在庫可能期間を3か月と仮定した場合、おおむね10月初旬から食品工場でケーキの生産を開始し、そのまま冷凍保存して在庫する。12月23日に在庫しているケーキを解凍して飲食可能な状態に戻した上で、全国の小売店に配送することが可能である。つまり、食製造業の場合は生産と消費との同時性が低いため、工場で計画生産して冷凍倉庫などで在庫し、需要発生に備えることで生産性を向上することが比較的容易である。

　基本的には製造業における在庫管理と何ら異なるところはない。在庫数量と在庫期間を最適化してコストを最小化するとともに、生産から消費までのタイムラグを短くすることで在庫回転率を向上させる。しかし、食品の場合、賞味期限という時間的制約が存在するため、在庫量は生産能力や

需要量だけではなく、賞味期限と生産能力との関係で決定される。食ビジネスの場合、品質劣化が有形財の中でも非常に速いため、在庫金利や生産部門の稼働率向上といった量的側面よりも品質管理の側面の方が重要である。在庫期間を短期化することで他社に対する品質を高めることが重要な戦略となる。

例えばアサヒビール株式会社がかつてビール販売で不振であった頃、販売数が少ないために他社のビールよりも在庫期間が長期化し、風味が落ちてさらに販売不振になるという悪循環に陥った。ゆえに、スーパードライを発売する際、製造後20日以内に工場から出荷し、製造後3か月経過したビールは店頭から回収するというフレッシュローテーション戦略を採用、品質重視の在庫管理を活かしてビール販売シェアナンバー1の座を獲得し、以降長期間にわたって同社の成長を支え続けた。

小売業の場合

食小売業の場合、スーパー、百貨店、CVSで在庫管理戦略は大きく異なる。CVSの場合、店舗面積自体が狭小であるため、いかに在庫を持たないかが店舗営業効率の決定要因となる。そのため、店舗在庫をゼロに近づけるとともに、欠品によるチャンスロスを起こさない事が収益管理にとって大きな要素である。ゆえに、一日複数回配送を行う物流システムを構築して店舗の在庫スペースを少なくするとともに、時間帯に応じて配送品の構成を変更し、需要変動に応じて売り場構成を変更、さらなる在庫量削減を図るのである。その戦略実現のため、POSシステムで時間帯別販売数量を把握して協力工場にデータをフィードバックし、食品生産量の計画を組むとともに配送センターへの時間帯別納品数量を決定する。配送センターでは時間帯別・店舗別に配送数量および品種を決定し、協力工場から納品された食品を仕分けして店舗に配送する。当然、調味料のように在庫可能な食品は配送センターに一定量の在庫を持ち、効率的なピッキング

を可能にしている。つまり、有機的に組織化されたサプライチェーンおよびそれを支える情報システムが、在庫管理の要となるのである。

　スーパーや百貨店の場合、店舗規模がある程度大きいため在庫スペースを確保できる。ゆえに、欠品を起こさない基準在庫数量の把握と適正な発注量決定を行い、チャンスロスを起こさないようにすることが在庫管理の基本となる。一方、商品の過剰在庫は賞味期限切れや売れ残りの要因となるため、在庫管理の最適化が求められる。つまり、ＣＶＳの場合は在庫の最少化、スーパーや百貨店の場合は在庫の最適化が戦略目的であり、そのアプローチは大きく異なるということができる。また、百貨店やスーパーの場合、定価販売のＣＶＳと違い、価格の変更を実施することで販売数をある程度誘導したり、セールを実施することで需要を喚起することが可能である。そのため、セール期間中における欠品回避のために十分な在庫数量を確保することが、セール成功の条件となるのである。

サービス業の場合

　食サービス業の場合、ビジネスモデルの相違によって在庫管理のアプローチは大きく異なる。ファストフードの場合、注文受注から提供までのリードタイムを最小化することが求められるため、原則完成品で在庫し、顧客の注文に応じて在庫をピッキングして提供する。ゆえに、時間帯別の調理数量および在庫量決定という事前の決めごとが在庫数量管理の判断基準である。完成品を在庫するため、料理の品質が維持可能な在庫期間の設定、および品質基準を満たさなくなった料理の廃棄基準を設定することが品質管理上重要である。完成品を在庫するという意味では、むしろサービス業よりもＣＶＳに近いが、生産拠点がバックヤードではなく店舗にある点ではＣＶＳと異なるため、ＰＯＳによる正確な需要予測といったＣＶＳ的なプラットフォーム、現場の調理品質の安定というサービス業的なプラットフォームの双方が求められる。

ファミリーレストランは、原則顧客の注文を受けてから調理するビジネスモデルである。受注生産によって一定水準の品質を確保する一方、可能な限り素早く調理してリードタイムを短縮し、客席回転率を向上させることが収益管理上重要である。ゆえに、完成品の在庫は盛り置きしても品質劣化の起こらない野菜サラダ、デザート類や前菜類に限定され、かつその在庫期間は原則1日未満であり、翌日になって一定水準の品質を下回った場合、廃棄される。メインディッシュは素材をある工程まで下準備し、または下調理して半完成品の状態で在庫、顧客の注文を受けてから最終工程の仕上げを行って顧客に提供するため、完成品の在庫管理は原則行わず、一定のリードタイム内で顧客に料理を提供可能にする生産管理が中心となる。

　ディナーレストランなどの場合、付加価値の高さが競争力の源泉であるために原則在庫を持たず、顧客からの注文に応じて調理し、顧客に提供する。また、リードタイムよりも品質を重視するため、素材の加工度も可能な限り抑えられ、顧客の注文を受けてから調理を開始する。当然、ソースやスープのように営業開始前に準備しておくものや、漬物やパイ生地のように一定の前工程が必要な素材は事前にある工程まで調理され、顧客の注文を受けてから残りの調理工程に取りかかる。

　これらを比較すると、食ビジネスの在庫管理についていくつかのポイントが見えてくる。第1点はサービスの同時性と在庫場所との関係である。サービスの同時性が低いビジネスモデルは後方在庫、同時性が高いビジネスモデルは前方在庫中心である。第2点はビジネスモデルの相違による在庫期間である。同時性が低いビジネスモデルは在庫期間が相対的に長く、同時性が高いビジネスモデルは短い。第3点はビジネスモデルの相違による生産プロセスである。同時性の低いビジネスモデルは完成品在庫であり、同時性が高まるにつれて加工度が落ちる（図4）。

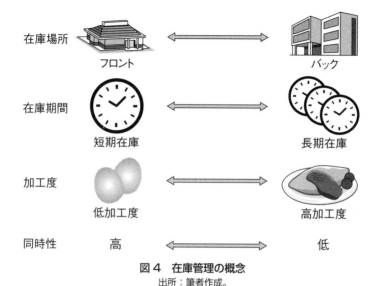

図4　在庫管理の概念
出所：筆者作成。

9 食の品質管理
——標準化すべきものと、ユニークにすべきもの

　財の特質は、有形財とサービス財とで大きく異なる。有形財の場合、同じスペックで設計された製品の品質・形状・性能などの物理品質は等しい（一定性）。厳密にいうと微妙なずれは生じているものの、製品の使用環境下においてユーザーが認識できるレベル以下であれば、その違いはユーザーにとって意味をなさない。一方、サービス財の場合、同じスペックで設計されたサービスであっても、サービス提供者によって品質や機能が大きく異なる可能性が大きい（変動性）。例えばマッサージサービスの場合、同じ1時間の施術でもベテランと新人とではずいぶん効果が違うであろう[8]。本節では、食サービス分野における品質の一定性、変動性について

8　鄭森豪「サービス産業におけるサービス財の特性」『九州産業大学商經論業』Vol. 4 No. 1、119-131 頁、2007 年。

概説する。

　食製造業の場合、食品に求められるものは一定性である。仮に1個200円のツナ缶の内容物がツナ200g、サラダ油10gである場合、顧客がツナ缶に期待する内容量は設計通りの量目である。量目が個別の缶詰でばらついている場合、仮に規定量より実際の内容量が多かったとしても顧客の品質に関する信頼は揺らぐ。また、レトルトパックのカルボナーラスパゲティを生産するとして、その味が生産ロットごとに異なる場合、顧客はレトルトパックに対する信頼性を低下させるであろう。さらに、仮にカルボナーラ自体の食品としての品質に問題がなかったとしても、味のばらつきは不良品として顧客からのクレームまたは返品要因にもなるため、経済的損失が発生する可能性もある。ゆえに、食製造業では食品の企画段階で規定された内容量・味付け・加工工程などは厳密に遵守され、食品の個体ごとの品質がばらつかないよう配慮した生産管理を行わなければならない。つまり、食製造業に求められる生産システムはマス・プロダクション的であるということができる。

　食小売業の場合も食製造業と同じく、求められるものは一定性である。仮にCVSで売られているおでんのこんにゃくの大きさが1つ1つ違う場合、顧客からのクレームが発生しかねない。原則小売業は食製造業が生産した食品を品揃えし、顧客が買い求める場所であるため、顧客が小売業に求める期待は食品製造業への期待と同一である。一方、食品小売業の場合、顧客と対面して食品を販売するため、他社との競争優位を確立するうえで独自サービスを展開することが多い。その結果、サービス財の特性である変動性の要素が食製造業よりも多く現れる。では、変動性が生じる要因はどこに存在するのであろうか？

　第1点は販売方法に起因する変動性である。例えば食品スーパーで惣菜の量り売りをする場合、惣菜自体の品質は均質であっても顧客が買い求める量によって販売量や価格は当然異なる。第2点は素材の特性に起因する

変動性である。野菜や肉、魚を販売する場合、自然物の特性として個体差があるため、1つずつ味や形状が微妙に異なる。例えばアジの刺身を販売する場合、当然アジの個体差に起因する大きさや味の違い、鮮度の違いがあるため、同じ刺身でも一定性を保つことは困難である。当然、製造業でも素材の個体差に起因する変動性は発生するが、食品加工のプロセスで品質を均一化することは小売業よりも容易である。第3点はカスタマイズサービスの存在である。例えば顧客に魚を販売する場合、顧客は自分で調理できるために魚を原体で買い求める場合や、内臓やうろこを取り除いてフィレ状に加工し、家庭でゴミが出ない形で買い求めるケース、さらに焼物にするために切り身にまで加工して買い求めるなど、さまざまなケースが存在する。つまり、食小売業に求められる生産システムはマス＝カスタマーゼーション的である。

　食サービス業の場合、さらにサービス財の特性が多く表れる。当然、レストランやホテルのダイニングであっても、原則として同一メニューに対して顧客が期待するのはまず均一性である点については製造業や小売業と何ら変わることはない。しかし、サービス業に対して顧客が期待することは、顧客のニーズを料理に反映させることであり、ニーズ対応の柔軟性がサービス品質または競合に対する競争力の差となる。

　例えばファストフードやコーヒーショップの場合、設計通りの料理を顧客に提供する業態であるため、原則顧客の個別ニーズに対する対応はしない。ハンバーガーのピクルスを変更してほしいといったカスタマイズは顧客もあまり期待せず、ピクルス入りのハンバーガーから自分自身でピクルスを取り除く。また、卵アレルギーの顧客は月見バーガーの卵を海老カツに変更することを要求するのではなく、顧客自身が海老カツバーガーを選択して注文する。つまり顧客側も当該ビジネスモデルのコンセプトに沿い、画一化されたサービス内容に自分自身の選択行動を合わせていく。なぜなら、顧客は、画一化されたサービス内容であることが低価格実現の要因で

あることを理解しているからである。同モデルの生産システムはマスプロダクション的ということができる。

　ファミリーレストランのようにフルサービス形式のレストランである場合、顧客は何らかのカスタマイズを要求することが多い。例えばステーキのセットを注文する際、子供の食べるものだからカットしてほしいという要求を受ければ、店舗は対応するであろう。また、ハンバーグにかけるソースの量を加減してほしいという要求や、可能な範囲でソースを変更してほしいというカスタマイズに対する要求も、合理的な範囲であれば対応するであろう。一方、レストランの提供するサービスも画一的ではなく、顧客が自分のニーズに沿ったカスタマイズができるようなサービス設計も行っている。例えばスパゲティにかけるソースやセットメニューのスープのチョイス、ご飯の増量など、さまざまな選択肢を用意し、選択の幅を広げることで競合他社に対する競争優位を確立しようとするのである。つまり、同モデルの生産システムはマス・カスタマイゼーション的であるということができる。

　ディナーレストランやホテルダイニングのようにフルサービス、かつ高技能の調理師が在籍する業態の場合はカスタマイズすること自体が重要なサービスである。例えば寿司店で女性客がカウンターに座った場合、職人は寿司シャリの量を通常通りでいいか、舎利こま（寿司シャリを小さくして握ること）にするかを顧客に問いかけるであろう。さらに、従業員が顧客にニーズを確認するのではなく、顧客の属性や利用方法から推定される、または顧客が期待するであろうサービスを察知し、さりげなくカスタマイズすることもある。例えばシニアの顧客がイカやタコのように噛みにくい素材の寿司を注文した場合、表裏に隠し包丁を入れて提供することによって顧客が細やかなサービスを受けていると感じられるカスタマイズを行うのである。つまり、同モデルの生産システムはワン・トゥ・ワン（One to One）的であるということができる。

　フルサービスレストラン、なかでもディナーレストランのように客単価の高いビジネスモデルほど個別の顧客ニーズに沿ってきめ細やかなカスタマイズを提供することになるが、その一方で変動性に起因するリスクも顕在化しやすい。品質が変動する場合、品質の上振れだけではなく下振れも発生するため、品質の下振れが発生したときに顧客不満足が発生する可能性も高い。前出の例でいうと、仮にシニアの顧客がイカを注文したので隠し包丁を入れたが、調理師の技術が未熟であったゆえに隠し包丁が十分入っておらず、結果として顧客はイカを食べ残したり、ステーキをウェルダンにしてほしいという顧客の要求に応じて肉を焼いたものの、焼き加減が顧客の期待と違ったためにクレーム要因となった、というようなケースである。技能に起因する、または顧客ニーズの不正確な把握に起因する品質下振れ要因を回避するため、高技能者による低技能者の教育訓練など、技能の高度化に努めなければならない。

10　食の生産性管理
——100名のバンケットを受注した1人の店長

　生産性は、本来投入労働量と産出量との関係で記述される。例えばパン屋の生産性を向上させる場合、投入労働量である従業員の数を減らすか、あるいは作るパンの数量を増加させることで生産性が向上する。パンの場合、在庫不能ではないが、品質劣化が早いため、仮に多くのパンを焼いたとしても当日売れ残ったパンは翌日値下げをして販売せざるを得ない。ゆえに、生産数量ではなく販売価格を生産性の要素とする価値労働生産性や、販売によって得られた粗利益高を生産性の要素とする付加価値労働生産性という概念がより重要性を増している。本節では、食ビジネスにおける生産性管理の観点を、サービス財の同時性の特性が顕在化しやすい食サービス業を例に概説する。

100名のバンケットを受注した1人の店長を例にとり、食の生産性管理を考察する。食サービス分野で生産性向上を図る場合、生産と消費の同時性を向上させる方向と、低下させる方向の2つがある。例えば商品構成を考える場合、サービスの同時性が高い典型的な料理はすしや天ぷらである。顧客の注文を受けてから調理に取りかかり、出来立てのおいしい料理を顧客に提供することで付加価値を最大化するのである。ゆえに、バンケットでこれらの料理を提供する場合、例えばすしや天ぷらの屋台を組んで雰囲気を高め、その場で調理できるように設備を持ち込んで料理の質を高めるであろう。一方、付加価値を高めるためには調理師を現場に配置し、顧客がストレスなく注文した料理を受け取ることのできる適正な人数の調理師を配置しなければならない。調理師は調理するだけでなく、バンケット会場の往復、設営や準備の時間も拘束されるため、生産効率はその分低下する。需要と供給の同時性を高める場合の基本的な方向性は付加価値の最大化であり、効率性よりも効果性を高めることが中心となる。

　サービスの同時性が低い典型的な料理はデザートやスープである。当然、これらの料理も調理完了後には品質が低下するため、同時性が決して低いわけではないが、生産と消費を同時にしなくても一定品質を維持できるという観点では、寿司や天ぷらよりも相対的に同時性は低い。バンケットの料理がすべて注文と同時に調理しなければならない場合、顧客は食べるべきものを選択して自由に食べることができないため、サラダやスープ、テリーヌなどの冷菜を品揃えして、顧客の選択肢を広げることで、寿司や天ぷらの調理稼働率が平準化するようにバランスを取るのである。この場合、同時性の低いジャンルの料理を作る調理師は、バンケットの会場に出向くのではなく、100人前相当の料理を店舗の厨房で調理をし、その後でバンケットを請け負った飲食店に来店する顧客のために調理することで、料理の生産量を向上させるのである。需要と供給の同時性を低める場合の基本的な方向性は投入労働量の最少化であり、効果性よりも効率性を高めるこ

とが中心となる。

　ただし、この時点でさらに2つの観点で考察する必要がある。生産性向上の力点は確かに投入労働量の最少化および付加価値最大化の2方向であるが、片方だけに力点を置いた場合、品質と投入人員が単なるトレードオフの関係になってしまうため、顧客にとって何ら魅力的なサービスとならない可能性が高い。非常においしい寿司や天ぷらを味わったとしても、バンケットの代金が1名1万円もかかってしまうようであれば次回の受注につながらないであろうし、非常に安価なバンケットであったとしても、デザートやスープが半数近く余ってしまうような品質であれば顧客満足度が大きく低下するであろう。ゆえに、効率化を図る一方、料理の付加価値向上をあわせて検討し、効果性を高める一方と同時に、人員のかからない効率的なオペレーションを構築しなければならない。

　例えば寿司や天ぷらの屋台を運営する場合、全ての作業を現場で準備することは、確かに付加価値は高まるがコストも同時に高くなる。仮に100人前の寿司ネタをすべてバンケット会場で、握る時点で寿司ネタを切り付けることで、店舗と同じ品質の寿司を提供可能だが、100名分の注文をネタの切り付けから行うには非常に多くの人員を必要とするため、現実的ではない。ゆえに、店舗で勤務する従業員がネタを切り付け、屋台の従業員はカットした寿司ネタやシャリなどをバンケット会場に持って行き、バンケットにおける作業量を低減させ、効果と効率とのバランスを図る。そのためには、切り付けた時刻と実際に食べる時間のタイムラグを考慮した素材の選定が重要である。例えばサーモンは脂身がきついため、カットした後で冷蔵保存しておけば品質は比較的安定するため、店舗での切り付けに適している。また、玉子は魚ではなく加熱食品であるため、カットしても品質が大きく変わるわけではないため、店舗でカットしても問題ない。一方、鯛のように切り出した直後から品質劣化が始まるような寿司ネタは、品揃えから除外するか、あるいはバンケット会場まで持参し、会場で切り

付けるべきである。

　デザートやスープをバンケットで提供する場合、調理時点と提供時点が分離されているために発生する品質劣化を防止する工夫をするとともに、調理時がその場で調理するライブ感がないために起こるであろう知覚品質低下を防止する工夫が求められる。例えばスープの場合、調理完了時点でいったん冷却して食中毒菌の繁殖を防止するため、バンケット会場では冷えた状態になっている。ゆえに、スープウォーマーなどを用意して加熱し、温かい状態のスープを提供したり、バンケット会場でサービスする従業員のユニフォームをコックコートにすることで顧客の感じる知覚的な心象を高める、などの工夫が必要である。また、スープを提供する際にクルトンなどのトッピングをその場で添え、サクサクした食感を添えることによって出来立て感を高めることも可能である。ケーキを顧客に提供する場合も、リキュール類をケーキに振りかけてフランベするなどの演出で、顧客の心象を高めるなどの工夫をすることも可能である。

　このように食サービスにおいて生産性向上を図る場合、同時性を向上させるアプローチと、同時性を下げるアプローチとが存在する。例としてライン生産とセル生産とを組み合わせることによってサービスの同時性を高めることを図った場合（図5 A、B）、パーシャル庫を活用してバッチ生産することで同時性を低めることを図った場合（図5 C、D）の労働時間と売上高との相関を示す。従業員の投入労働量1時間当たりの売上高である人時売上高を生産性向上の、投入労働量と売り上げの相関を同時性のKPIとして考察する。A、Bをみると、人時売上高は12,432円から14,318円へと増加するとともに、相関係数も0.42から0.69へと増加しており、生産性は需要と供給の同時性を高めることによって改善していることを示している。一方、C、Dをみると、人時売上高は8,501円から14,302円へと増加する一方、相関係数は0.79から0.55へと低下しており、労働生産性向上は需要と供給の同時性を下げることによって実現していることが確認

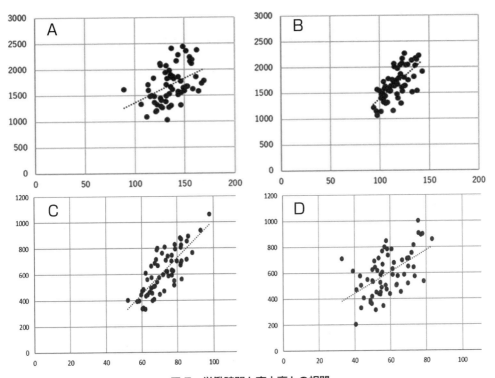

図5　労働時間と売上高との相関
A：同時性向上（改善前）、B：同時性向上（改善後）、
C：同時性低下（改善前）、D：同時性低下（改善後）
出所：筆者作成。

できる。サービス工学やサービスマーケティングの分野では、サービス財は生産と消費の同時性が高いことが特性であるため、同時性を高めることによって生産性を向上させようというアプローチが多いが、生産と消費の同時性を下げることで生産性を向上させることも可能であるため、双方向のアプローチでサービスの生産性設計を行う必要がある。[9]

9　T. Shimmura, K. Arai, S. Oura, N. Fujii, T. Nonaka, T. Takenaka, and T. Tanizaki: Multiproduct Traditional Japanese Cuisine Restaurant Improves Labor Productivity by Changing Cooking Processes According to Service Product Characteristic, International Journal of Automation Technology, Vol.12, No.4, pp.449-458 (2018) .

11 食における価値共創と分業
——作り手の仕事、食べ手の仕事

　かつてサービスは、供給者側が設計、製造し、顧客は完成品を受容するのみであった。特に産業革命以降、製造業で効率的にモノを生産するマス＝プロダクションにより、規格製品を大量生産することで物価を下げ、国民生活向上に大きく寄与した。経済の成熟化に伴い、顧客は徐々に自分のニーズに合わせた製品を志向するようになり、生産システムもマス・カスタマイゼーションからワン・トゥ・ワンへと進化していった。それに伴い、顧客は製品の単なる受給者ではなくなり、製品設計や生産、価値実現プロセスに参加するようになり、現代では価値協創（Value co-creation）されると表現されるようになった。[10] 本節では、食ビジネスにおける供給者と顧客の価値創造のための分業について、歴史的観点で概説する。

　食ビジネスの原点である、古代の宿泊所における食事や旅先のレストランでは、店が提供する 1 種類のメニューを食べるのみであった。中世、近世と時代が進むにつれてメニューは多様化し、原則メニューの中から自由に組み合わせを選択することができるため、顧客はメニューからの選択という観点では設計に参画するようになった（当然、富裕層向けのレストランや仕出しのような業態では、顧客の食べたい料理のリクエストを受けてメニューを設計し、調理するというワン・トゥ・ワンの生産システムを採用していた）。しかし、分業はあくまで料理の組み合わせへの参画であり、生産への参画や価値創造における協働というレベルではない。

　産業革命以降、食ビジネスは製造業主体へと大きくシフトする。缶詰や瓶詰技術の開発によって工場生産が可能になったため、低価格で安定した品質の飲料や食品を大量に市場供給することが可能になった。食製造業の

10　田口尚史『サービス・ドミナント・ロジックの進展』同文舘出版、2017 年。

生成・発展は、消費者生活の質的向上に大きく寄与することとなっていくのである。一方、大量生産モデルによる価値創造に顧客が参加する余地はないため、いわゆるプロダクトアウト的生産システムであった。

　食製造業が発展して市場規模が拡大した結果、同一食品を扱うマーケット内での競合が発生した。競合に打ち勝つため、食製造業は顧客の選択行動を理解し、ニーズに沿った食品設計を実現するためのマーケティング機能を確立し、自社食品の独自性を追究するようになった。例えばビール業界では、より苦みを重視するキリンラガービール、アサヒはコクとキレというキーワードで新味のあるテイストを目指したスーパードライなど、機能的にはほぼ同一製品であっても独自性を追究することにより、他社に対する競争優位の確立を目指した。この時点で、消費者の嗜好調査やプロトタイプ製品のテイスティングなど、価値創造プロセスに顧客が参加するようになっていく。しかし、価値創造プロセスは供給者側が主体的に実施し、顧客はその一部に参画する、より受容的な立場に過ぎない。

　近年、市場はより成熟し、顧客は工場生産される均質な製品を求めるのではなく、より自分の嗜好に適合した、ユニークな製品を求めるようになった。[11] 例えばビールであれば、大手メーカーの販売するビールではなく、地ビールメーカーが少量生産するローカルビールを購入するような選択行動が多くみられるようになった。それに伴い、顧客はビールを買い求めて飲むという、食品の本来価値のみを購買するのではなく、例えば地ビールを味わうために産地を訪れ、ビール工房を見学して製品知識を深めたのち、生ビールをおいしく注ぐための講習を受けたり、併設しているレストランで地ビールにあう料理とともに食事を楽しむような消費行動に変化していったのである。つまり、顧客は有形物である食品を購入するだけではなく、学習や体験をあわせて購入するようになった。20世紀末に「経験経済」

11　吉本一穂 監修、赤松幹之・村上輝康・内藤耕・新井民夫 編『サービス工学——51の技術と実践』朝倉書店、2012年。

という概念が提唱され、顧客は財だけではなく経験を購入する時代に入ったという主張が多くみられるようになったが、食製造業でも同様の変化が訪れたのである。この時点で、顧客は自分の体験を設計し、地ビールメーカーを価値創造のプロセスを分担し、自分のニーズに沿ったユニークな食体験サービス価値を創造するのである。顧客は能動的な食サービス創造主体へと進化したのである。

食製造業は、顧客が価値創造するプロセスをどのように自社のバリューチェーンに組み込み、顧客と協働するかを考えなければならない。消費者モニターとしての製品開発プロセスへの参画、工場見学プログラムのような製造プロセス開示による顧客への知識供与、シングルカスク（1つの樽）ウイスキーのオーナー制度のような販売時点における顧客参画など、製造業であっても顧客の価値創造への参画を高めることは可能である。

食小売業やサービス業の近代化も、製造業同様の発展プロセスを経る。すでに随所で触れているので重複は避けるが、産業化の初期段階はチェーンストアシステムによる単一あるいは少品種の料理または食品の大量供給や大量販売が主流となり、産業発展に伴ってメニューや食品の選択肢を増やした多品種型レストランやスーパーに、近年は個別の顧客ニーズを料理に反映するカスタマイゼーションを可能にするレストランや、顧客が自分の必要な種類の食品を食べたいだけ詰め合わせるスーパーなどに進化を遂げ、サービスの創造や生産プロセスへの顧客関与が多くなっていった。

今後、食ビジネスはどのように顧客を価値創造プロセスに組み込み、あらたな価値を実現するべきであろうか？　製造業、サービス業ともに、価値創造プロセスにおける顧客参加は進んだものの、生産プロセスへの顧客参加は十分ではない。例えば近年、ロボット雑誌のシリーズを購読すると毎号部品が付録でついており、ロボットを組み立てるプロセス自体を顧客自身が試みることで、顧客がロボットをより深く理解しつつ生産プロセスに深く関与するビジネスモデルが出現している。組み立てプロセスは顧客

が行うため、完成品のロボットを販売するよりもコストを低く抑えることができるのに加え、単にロボット雑誌を販売するよりも付加価値が高いため、雑誌としての競争力が高まる。このように、顧客が生産プロセスに参画することで付加価値、効率ともに向上することで生産性向上に寄与する生産プロセスを確立することが求められる。

　食サービス分野においても古来、部分的には顧客が生産プロセスに関与する例は多い。その典型は焼肉である。焼き肉店は肉をカットし、調味料や塩で味付けをしたものを顧客に提供するだけであり、実際に肉を焼くのは顧客である。最も重要な加工プロセスを顧客が分担しているにもかかわらず、顧客は不満を言うことなく、肉を焼くプロセスを担当している。それは、仮に焼き肉店の従業員が焼肉を焼いて提供したとしても、店側が顧客が食べる時刻を制御できるわけではないため、顧客が食べる時点で肉が冷えている可能性が高い。仮に提供後すぐに焼き肉を食べたとしても、焼き上がり時点からは温度が落ちているために最高品質であるとはいいがたい。つまり、焼肉はその特性上顧客が加工プロセスを担当したほうが高付加価値であるため、このような顧客と焼き肉店の分業システムが確立されたのである。

　しかし、焼肉の場合は比較的誰でも調理に参画できるためこのような分業システムが可能であるが、高い加工技術が求められる料理までこのような分業システムが向くわけではない。加えて、三ツ星レストランのようにフルサービスを受けることが価値につながる業態にまでこのような概念を持ち込んでよいかは検討しなければならない。しかし近年、高級レストランの厨房でシェフが調理しているプロセスをサービスに組み込んだシェフズテーブルや、高級料理店のシェフに料理を習い、自身で調理したものを試食するサービスなど、さまざまなサービスが創造されている。自社のサービス特性上不可能であるという前提を捨て、柔軟に生産プロセスを再設計することが望ましい。

12 職人の匠
——人による調理が価値創造に寄与するもの

　従来、食は人間によって調理され、家族や顧客に提供されてきた。産業革命以降、食の生産システムに製造業で培われた技術が導入され、さまざまな食品を調理するための機械やラインが開発されてきた。21世紀に入り、人工知能や調理ロボットの研究が進展を見せており、これらの技術によって調理師の仕事の多くが失われるのではないかという説も存在する。今後、長年の技術を蓄積した職人の匠は不要になっていくのであろうか？本節では、全体として自動化される傾向にある調理プロセスにおける職人の関与について概説する。

　仮に人間と機械が分業して調理／食品加工すると仮定し、どのように調理プロセスを分担することが望ましいかを考えてみよう。機械が最も得意とする分野は正確性と継続性であり、例えばワインの瓶詰のような計量工程などはその典型であろう。たとえ熟練工であっても、機械のように750mℓのワインを正確に計量して瓶詰めするプロセスを長時間継続することは不可能であろう。特に、計量作業は清潔な環境下で機械が行った方が安全であるため、機械で行う方が望ましいプロセスである。このような、機械で行う方が望ましいプロセスは機械に置き換えられ、置き換えられた技術分野は不要になっていくであろう。

　また、技術の発達によって職人の技能をデータ化し、機械で代替されるプロセスも多くなっている。機械化の最も進んでいる調理分野の1つに寿司がある。回転寿司市場の規模拡大に伴い、大規模な研究開発投資を回収するだけの調理機器市場が創造されたため、急激に機械の高度化が進んだ。例えば握り寿司のすし飯を射出成形するシャリロボットは、一流の寿司職人の手にセンサを取り付け、手の動きや加圧を計測してデータ化し、その

動きを再現する研究に基づいて開発されている。最新式の寿司ロボットが世界最高レベルの寿司職人に勝つ水準にまでは達していないが、ある程度の修養を経た職人の水準には十分到達しており、一定の単価以下の寿司店であればロボットを導入したほうがコストパフォーマンスの高い寿司を提供可能である。また、人間は調理作業を継続すると疲労するため、長時間作業を継続すると品質のばらつきや調理速度が低下するが、寿司ロボットは調理速度、品質ともに安定しているため、大量調理に適している。

　しかし、現時点における機械やロボットの限界は単一目的であること、および完全自律ではないことであり、生産システム全体を自動化しない限り人間の介在がないと機能しない。寿司ロボットは寿司の握り工程のうちシャリの成型工程のみであり、ネタを載せるプロセスは人間が行う。近年、寿司ネタを乗せるロボットも出現しているが、ネタの補充や切り付けまでできるわけではないため、調理をロボットで完結することはできない。また、機械は規格品を作ることはできても、カスタマイズすることはできない。例えば寿司カウンターで女性とシニアの方が食事している場合、女性には舎利こま（シャリの量目を減らすこと）、シニアの方の寿司ネタには隠し包丁を入れて食べやすくするなどの気遣いはできないし、ネタを切る際に魚の状態や形状によって切り方を変える、脂の乗りに応じてワサビの量を変える、などのカスタマイズはできない。料理を食べる主体は人間であり、人間が好む状態にカスタマイズすることが職人の匠である。ゆえに、コンビニエンスストアの寿司は均質化された品質を求められ、専門店の寿司は顧客の嗜好に応じてカスタマイズすることが求められるため、それぞれ適した生産システムを構成することが望ましい。

　以上のようなプロセスは素材の物理的加工であるため、比較的機械やシステムに置き換えやすいプロセスである。では、食品の熟成、香りや舌触りのような領域においても機械化やシステム化が進んでいくのであろうか？　分野は違うが、農業では現在急速にITや人工知能が導入され、農業

者の勘と経験をシステムに置き換える試みがなされている。例えばビニールハウスの室温調整や水やりなどは最適な温度・湿度・頻度・時刻が研究者や熟練農業者によってデータ化され、24時間の管理体制で野菜を生育させている。仮に熟練農業者でも24時間野菜につきっきりになることは不可能であるため、より高品質な野菜の生産が期待されている。一方、長時間かつ重労働であった農作業の負担軽減は、農業従事者の労働環境改善にもつながるため、農業従事者にとっても望ましい。では、食分野においても同様の潮流が生まれるのであろうか？

　ウイスキーのブレンダーは自分の嗅覚をもとに1つずつ違う味の樽をうまく配合して均質な味のブレンデッドウイスキーを作り、熟練のパン職人は自分の手の感覚や視覚情報でパン生地の熟成度合いを確認する。コーヒーの焙煎はその音や香りで炒り具合を感知し、仕上げていく。これらの要素をすべて分解すればウイスキーの成分分析、パン生地の粘度や硬度、成分分析などを行ってデータベースを構築するとともに、室温や湿度などの環境要因を計測することで人間の判別を代替する機能を構築することは不可能ではない。むしろ、正確性や再現性という観点で見た場合、機械やシステムの方が正確に判断することは可能であろう。

　しかし、現時点におけるシステムの限界は、その判断基準はあくまでAs-Isであるということである。仮にウイスキーの配合基準をシステム化した場合、その判断基準はシステムが構築された時点における最適な味の判断であり、それが更新されるためにはシステム自体の更新を待たなければならない。一方、消費者の嗜好は常に変化するため、ウイスキーに求めるテイストも変わっていく。一方、ウイスキー醸造家たちも自分たちの味をさらに昇華させるため、日々試行錯誤するであろう。食の進化は、この職人たちの長年の努力の結果であり、職人が存在しなくなった時点で食の進化も止まるであろう。そういった観点でみると、職人の存在は不可欠であり、仮に人工知能が進化したとしても職人の存在を代替することは現時

点においては不可能である。

　近年、人工知能による小説の創作や作詞作曲といった研究も進展を見せ、人間の知的活動や感性の分野における技術の進展も目覚ましい。また、従来コンピュータの中で完結していた人工知能はインターネットで世の中とつながり、センサやモニタで社会との接点を持ちつつあり、そういった観点では視覚や聴覚を備えた人間と類似した環境が整いつつある[12]。ゆえに、遠い将来人間を凌駕するときが来るかもしれない。しかし、科学技術の歴史は人間自身で行ってきた作業の置き換えの歴史であり、それによって人類は豊かになってきた。例えば人間の移動手段は、自ら歩くか、動物の力を借りた移動であったが、人類は移動手段を動物、自転車、自動車、飛行機と進化させ、移動を機械に代替したことで活動範囲の地理的制約から解放された。また、家事は掃除機、掃除ロボットに置き換えられ、洗濯は手洗いから洗濯機、そして自動畳み機に代替されようとしている。食分野における人間の作業もその多くは機械に代替されることでかつての作業から解放されてきた。例えば脱穀は自動化されて生産性、品質ともに向上し、薪に頼ってきた煮炊きはガスによって代替され、安定した火力を確保した。一方、こういった革新によって創出された時間的余剰で新たな調理、食品加工プロセスの開発に注力し、真空調理や分子ガストロノミーといった新たな技術領域が開拓されていった。職人は、今までの自分の技術を標準化してシステムに置き換えるとともに、そこで生じた時間的余裕でより高みを目指し、食の水準をより高度化することがその本来的使命である。

13 ロボット・AI・IoT の可能性

　前節においても概説しているが、近年のロボット・人工知能などの発達

---

12 竹中 毅「特集にあたって（特集：音楽と OR）」『オペレーションズ・リサーチ』Vol.54、No.9、539 頁、2009 年。

は目まぐるしく、自動車の自動運転技術のように、人間が介在しなくても
オペレーションが完結する高自律型のシステムがいよいよ現実味を帯びて
きた。また、サービス提供を主としてロボットが提供する「変なホテル」
が本格展開を始めるなど、ロボットがサービス提供主体となるサービスが
食ビジネス分野においてもロボットは主たるプレーヤーとなりつつある。
2013 年にオックスフォード大学のマイケル・A・オズボーン准教授の論
文「雇用の未来」では、レストランの案内係、レジ係、清掃係、調理係な
ど、多くの仕事がロボットに代替されると予測している。果たして、ロボッ
トや AI、IoT によって食ビジネスの未来像はどのように変化するのであ
ろうか？ 本節では、技術発達がもたらすであろう食ビジネスの主要な変
化について概説する。

　まず重要なイノベーションは、ライフログのビッグデータ化によって起
こる食ビジネスの合従連衡である。スマートフォンなどのウェアラブルデ
バイスは人間のライフログを取るのに適したツールであり、これをキーと
してあらゆるサービスを統合することが可能になってくる。すでに、ダイ
エットを指導するジムは顧客がスマートフォンで記録した食事データや体
重データをもとに適切なアドバイスを送り、より効果的なダイエットサー
ビス提供を実施しているが、このサービスに病院、スーパー、レストラン
など健康関連のサービスをコンポーネントし、健康増進や体力回復など、
顧客の求めるサービスをパッケージ化し、今までにない新たな価値創造が
可能になってくる。この分野において重要な経営資源は食関連のリソース
だけではなく、データ計測デバイス、計測されたビッグデータ、それを解
析する AI など、サービスを支えるシステムおよび技術である。今後、産
業特性に関係なく、こういった技術を駆使できるようになることが求めら
れるようになるであろう。

　次に、情報記録デバイスの小型化、低価格化がもたらす情報管理のイノ
ベーションである。例えば、かつて小売業では、商品ごとに IC タグをつ

けることで在庫管理や発注の半自動化に取り組んだ。食ビジネスは単に在庫管理だけではなく、安全面におけるトレーサビリティや原産地証明など、食ビジネスの社会的信頼性を確立するうえでより多面的な管理が求められている。しかし、現時点においては紙ベースの情報管理が主体であるため、その信頼性が十分確保されているとはいいがたい。素材や食品がグローバル規模で流通する現代においては、情報記録デバイスに商品情報をインプットし、現物とが対応した形で流通することが望ましい。そのためには、記録デバイスが紙媒体同様のコストになることが必要である。当然、こういった技術開発が従来のオペレーション、例えば在庫管理や発注業務をより効率化するという側面も重要である。例えば、冷蔵庫にデータ通信機能を搭載し、発注時刻に素材に添付されているICタグの数量情報や賞味期限情報を読み取らせることができれば、現状人間が冷蔵庫を開いて、全ての素材を視認して在庫数を確認するという、衛生管理上危険度の高い棚卸手順を変更することが可能である。さらに、POSの販売数量データと在庫データ、基準在庫量のデータを用いることで自動発注化することも可能になる。

　前節でも触れたが、調理ロボットの可能性について検討する。すでに、双腕ロボットを用い、熟練シェフの調理技能をロボット化しようという研究が、先進的なロボティクス、AI関連の研究施設で行われており、実用化のレベルには達していないが特定の料理を作るロボットはすでに存在している。現在比較的ロボットが苦手な分野、例えば柔らかい材料の把持なども技術的に解決され、徐々に高水準の調理ロボットが実用化されるようになるであろう。さらに、レシピのビッグデータ化がクッキングサイトで進んでおり、クッキングサイトのレシピデータと市場の嗜好データ、例えばレストランの評価サイトに記録されている顧客の評価に関する情報をテキストマイニングするなどして、現代の顧客が求めるレシピ作りも可能になるであろう。つまり、技術開発の時間的制約はあるものの、いずれ多能

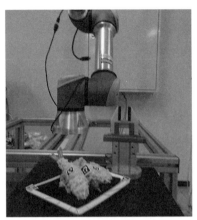

写真2　調理ロボットの写真
出所：筆者撮影。

工の自律的調理ロボットができる可能性は十分にあるといえる（写真2）。

　調理ロボットが開発されることと、実際に社会に普及するかということとは別問題である。第1の制約は減価償却である。少量多品種の料理を1日3食、家族分だけ調理するロボットが20年稼働したとして、果たして購入価格で減価償却可能であろうか？　また、1日100組の顧客が来店するレストランで調理する料理から得られる売上の範囲内で調理ロボットを減価償却することが可能であろうか？　製造業の場合、生産拠点を工場に集約し、同一あるいは類似の製品を大量生産するから機械化・ロボット化が進んだ。加えて、全てのプロセスをこなすロボットではなく、作業ごとに機能特化したロボットのラインを組み合わせることでロボットに求めるオペレーションの複雑さを回避した。一方、食ビジネス、特に小売・サービス分野の調理作業は多拠点分散化している上、少量多品種の料理を受注生産する低価格な調理ロボットが実現可能であろうか？　現時点で明確に否定することはできないが、少なくとも10年単位でみる場合、実現性は高くないであろう。しかし、3Dカメラによる遠近の認識、センサリッチな柔軟分把持ハンド、食材の力学的特性計の測によるデータベース構築な

ど、調理ロボットの要素技術構築は着実に進んでいる。今後の研究高度化
に期待したい。

　では、調理ロボットのような少量多品種生産ロボットは実現不可能であ
ろうか？　適用分野を食品製造業に絞れば、自律型の調理ロボットが実用
化される可能性は十分にある。すでに調理プロセスの一部を自動化するロ
ボットは導入されているという技術的進展に加え、類似商品を大量生産す
るため、高価格な調理ロボットを減価償却することが技術的に可能である。
加えて、ロボットに合わせて設備環境や人間の作業計画を組みやすいため、
小売り・サービス業よりもロボット導入に適した環境であるということが
できる。小売・サービス業を対象とした調理ロボットが普及する可能性は
現時点で不透明であるが、ロボットの市場規模は飛躍的に大きくなった場
合、量産によるコストダウンが進むため、社会に普及する可能性がある。
例えば、人間よりもロボットが調理することが適している分野は医療・介
護関連施設である。人間が調理する場合、その特性上無菌の料理を作るこ
とはできない。また、アレルゲンが含まれた食材を病人に提供することは
事故に直結するが、病人ごとのアレルゲンデータの管理、およびそれに対
応してアレルゲン混入のない料理を正確に提供することは、人間よりもロ
ボットの方が優れている。このように、調理ロボットが適用される産業の
すそ野が広がりを見るとロボットの生産数量が向上するため、調理ロボッ
トの実現可能性は高まっていると考えられる。

　このほかにも、センサの高度化や低価格化がもたらすであろう顧客、従
業員のセンシング技術、POS と AI の融合による需要予測や自動発注、全
食材や調味料のデータベース化に夜新たな素材の組み合わせや料理の開発
など、情報技術やロボットが食ビジネスを変える可能性はあらゆる分野に
わたっている。テクノロジーを武器として取り込み、既存の食ビジネス改
革、およびあらたな食ビジネスモデルの創造を通じた産業規模拡大、産業

の質的拡充を図る必要がある。[13]

14 食と安全——NASA から家庭まで（ISO、HACCP）

　医食同源——かつて先人は、食の機能をこのように表現した。人間の体内に直接的に作用するという観点では食事と薬は同じであり、そのマネジメントに求められるレベルは極めて高度な水準である。加えて、人間の活動領域は日々広がっており、長期的に医療機関にかかれない遠洋航海や宇宙空間などでは、食中毒事故が人間の生命や健康に重大な影響を及ぼす可能性すらある。本節では、食ビジネスに求められる安全管理について概説する。

　かつて人類は、経験法則的に食の衛生管理に関する知識を習得し、技術体系に組み入れてきた。例えば食肉は O-157 やカンピロバクターが付着していることが多いため、生食の場合は必ず肉の表面をトリミングするか、"たたき"のように表面を焼き固め、殺菌していた。また、魚を生食する寿司ネタには食中毒菌が付着している可能性があるため、殺菌作用の強いワサビや酢を食材に用いることで食中毒リスクを低下させるとともに、同じく殺菌作用のある笹や竹などを寿司の包装に用いることで食品の安全性を高めようとしてきた。近代以降、科学技術の発達とともに健康被害の原因は食中毒であり、その発生源は食中毒菌であることが解明されており、その対策は従来の経験則によるものから、科学的なマネジメントへと移行している。

　詳しくは専門書に譲るが、食中毒を防止するための基本要素は「食材に菌を付着させない」「食中毒菌を増やさない」「食中毒菌を死滅させる」の3つである。非常にシンプルな原則であるが徹底するのは非常に困難である。例えば人間の手には大腸菌群だけではなく、黄色ブドウ球菌が付着している場合が多い。それを完全に除去しようと思うと、高頻度に手洗いを

13　出川通 他編『テクノロジー・ロードマップ 2017-2026』日経 BP 社、2016 年。

行う必要がある。しかし、手洗いは食中毒菌とともに手の油脂も洗い流すため手の保湿がしにくく、皮膚の状態悪化に起因する手荒れが食中毒菌繁殖のもとになるというジレンマを抱えている。手袋を装着したとしても、手袋をする際に無菌状態の手で手袋を触るとは限らないため、完全に食中毒菌を除去するのは困難である。また、食材は自然の産物であるため、魚類には腸炎ビブリオ、牡蠣にはノロウイルス、生卵にはサルモネラ菌が付着している可能性がある。適切に食中毒菌を除去するための殺菌などを行う必要があるが、新鮮な食材にも付着している可能性があるため、見た目やにおいなどで食中毒菌の付着を確認できない。さらに、冷蔵庫の中はおおむね摂氏 3 ～ 4℃で管理されており、食中毒菌の繁殖を抑える温度帯ではあるが、あくまで増殖抑止であり、菌そのものを死滅させるわけではない。加えて、冷蔵庫は霜取りのために庫内温度を摂氏 10℃ まで上昇させるため、食中毒予防のシステムとしては不完全である。このようにさまざまなリスクがあるなか、衛生管理システム、設備環境、ヒューマンファクターの管理基準を上げていかなければならない。

　また、食の安全は食中毒菌のみならず、異物混入も重要な要素である。過去無数の異物混入事件が起こっており、場合によっては健康や生命に重大な危険が及ぶ事案に発展しかねない。そのため、異物混入を防止するさまざまな対策を講じることが求められる。例えば小売業の場合、魚のうろこを取るために用いた金たわしの破片が混入したり、パイ生地に鶏卵を塗る際に用いた刷毛の毛が抜けて付着するというリスクが存在する。また、天井から破片やごみの落下、人間の体毛の付着、ゴキブリや小動物の混入など、あらゆる異物混入要素が考えられる。これらを完全に防止するシステムや設備環境を整えることは可能であるが、設備投資額と当該設備で生み出されるキャッシュフローのバランスを考えると、無制限に設備投資できないこともまた事実である。例えば虫の混入を 100% 防止する場合、下水や換気口は外部と遮断し、空気清浄機や浄水設備を備える必要がある。

加えて、従業員の出入り口や荷物の搬入口で粉塵や異物の混入を完全に防止するシステムを構築しなければならない。さらに、自社の調理施設だけではなく、素材や副資材の納入業者まで同様の設備を備える必要があるため、自社の努力のみで異物混入を完全に防止できるわけではない。

　この問題は食分野のみならず、あらゆる産業分野で起こりうる問題である。墜落しない飛行機、事故を起こさない自動車を作ることは理論的に可能であっても、合理的な価格設定を超えた金額の製品やサービスを供給しても、市場が受け入れられない価格であれば当該ビジネスが継続発展することができない。食分野において、どの水準の安全管理を行うのが適切なのであろうか？

　食分野における安全管理システムとして開発されたものはHACCP（Hazard Analysis and Critical Control Point）である。食中毒菌や異物混入の要因を把握し、材料の搬入から食品や料理の出荷までのすべてのプロセスにわたって事故発生要因を除去するとともに、それが維持継続されるように管理する一連のシステムを構築し、食に関する安全衛生管理を確立しようという管理手法のことである。事故を起こすであろう要因は食中毒菌や微生物のような生物的要因、残留農薬や抗生物質のような化学的要因、金属片やガラスのような物理的要因に体系立てられており、それぞれの特性に応じた管理ガイドラインが定められている。もともとは食中毒が発生することを回避しなければならない宇宙空間における食事の安全衛生管理手法としてアメリカで開発された管理手法が起源であり、1990年代に食品安全基準の国際機関であるコーデックス委員会がガイドラインを示し、以降これが国際基準として機能している。扱う食品によってハザード要因は同じではないため、例えば日本惣菜協会や日本冷凍食品協会など、国の指定を受けた業界団体がHACCP認定基準を作成し、HACCP基準をクリアした設備であるかどうかを審査するようになっている。特に、欧米に食品を輸出する場合は当該認証を受けている必要があるため、食品の輸出を行う

工場などでは必須となっている。

　また、食品安全の国際認証としてフードチェーンに関わる組織に対する要求基準を定めたものとして ISO22000 が存在する。ISO（International Organization for Standardization）とは、製品に関する安全基準などを国際規格として統一することでスムーズな通商を促進することが目的であり、その食品分野のルールとして定められたのが ISO22000 である。その基本的な骨格は HACCP であり、その目的は大きく異なることはないが、その内容はさまざまな違いがあるので注意が必要である。例えば、HACCP がコーデックス委員会のガイドラインをもとに国別、産業別に定められたものであるのに対し、ISO22000 は統一された国際認証基準である。つまり、適用地域が違うという点が大きな相違である。加えて、HACCP はその歴史的経緯から、食品加工領域に関する安全基準を定めているが、ISO22000 は実務要請上、農業や肥料関連、食品製造機械メーカーなど、広く食に関係するビジネスを対象としており、その適用範囲は広い。さらに、HACCP は食品の安全衛生を確立するための手法であるのに対し、ISO22000 は安全衛生の管理水準に関する認証制度であり、自社が安全な食品を生産していることを証明する機能を担っている。

　このようなシステム構築が進んでいるにもかかわらず、食に関する事故が新聞やマスコミに取り上げられる事案は後を絶たない。その究極の要因は経営者や従業員の理念や意識ではないか。例えば賞味期限切れの商品を再度原材料として使用する事例、賞味期限シールを張り替えて再度販売する事案、食品工場で床に落下した食材を再度使用するなど、さまざまな事例が存在する。品質が高く、かつ安全な食を提供することが食マネジメント分野における根本的使命であり、それを1企業ではなく、産業全体として実現するからこそ消費者の食ビジネスに対する信頼が高まり、その結果としてより価値の高い食が市場に提供される。働く人々の意識向上こそが、最大の安全衛生管理である。

参考文献

B. Sill, "Operations Engineering: Improving Multiunit Operations," *The Cornell Hoteland Restaurant Administration Quarterly*, Vol. 35, No. 3, pp. 64-71, 1994.

櫻井通晴『管理会計（第7版）』同文舘出版、2019年。

北島宗雄、内藤耕 編著『消費者行動の科学』東京電機大学出版局、2010年。

Column

工学 × 職人

　工学分野は、かつて職人が経験と勘で築き上げてきた暗黙知を定式化し、機械やデータに置き換える試みに挑戦している。寿司名人の手にセンサを取り付け、その加圧や指の動きのデータをもとにすしロボットが開発され、うどん名人のうどん打ちの工程を解析して製麺機の技術に転用されている。果たして工学領域は、職人を食の現場から除外するような、映画『モダン・タイムス』のような未来をもたらすのであろうか？　人口不足、生産技術者不足が想定される未来において、人の仕事を機械に置き換える潮流は必要であり、その需要は今後も増大していく。では、職人にとってこれらの機会は仕事の機会を奪う存在なのであろうか？

　これらの技術は、職人にとっても「より次元の高い技術習得の機会」を創出するツールであるといえる。すべての調理工程を人間でこなす意味があるわけではない。洗い物や掃除をロボットが行えば、若手従業員はそのような仕事から解放され、調理技能習得に集中できる。また、小さい器に"糸もずく"を入れるだけの工程を大量にこなしたとしても、それをもって高度な調理技術とは言わないであろう。料理の付加価値創造と関係のない工程を自動化し、人間が料理の付加価値創造工程に集中することで、付加価値創造工程を習得するための時間がより多く確保され、技能向上、労働生産性向上の両立が可能になる。

Part **5**

食の人的資源管理
Human Resource Management of Food

この Part で学ぶこと

企業経営においては、ヒト、モノ、カネに加えて、情報などの経営資源が投入される。投入された資源は、企業活動を通じて変換され、製品・サービスを産出し市場へと投入される。

これらの全体のプロセスを通じて働く人々を管理するための一連の活動を、人的資源管理と呼ぶ。

食・食サービスの現場では、非正規雇用従業員が比較的多く、労働集約的な仕事が数多く存在する。また食材やサービスは在庫しにくいため、環境変動に柔軟に適応することが求められる。

食・食サービスにおける人的資源管理では、食ならではの要素やサービスの特性を考慮することが望まれる。Part 5 では、食と価値工学における人的資源管理について学ぶ。

1 人的資源管理とは

　人的資源管理では、組織におけるヒトの管理全般を扱う。企業経営においては、ヒト、モノ、カネに加えて、情報などの経営資源が投入される。投入された資源は、企業活動を通じて変換され、製品・サービスを産出し市場へと投入される。このように、企業活動は投入された経営資源を、何らかの付加価値のあるものへと変換する「変換過程」[1]と捉えることができる（図1）。これらの全体のプロセスを通じて働く人々を管理するための一連の活動を、人的資源管理と呼ぶ。

　では、組織ではどのような人々が働いているのだろうか。組織では、さまざまな人が働いているが、ここでいうさまざまには多様な意味が含まれる。組織の中での地位を示す職位、担当する職務、雇用形態に加え、国籍の多様化、超高齢社会の到来に伴う働く年齢の延伸などがあげられる。また、ワーク・ライフ・バランスや「幸せ経営」など、働く価値観も多様化している。現代社会の人的資源管理においては、多様性を認めつつ相互理解しながら職場や環境づくりを推進していくことが望まれる（ダイバーシティ・マネジメント）。特に、食・食サービスの現場を例にみると、外食産業をはじめとするサービス産業においては労働人口減少に伴い、外国人労働者や高齢者の雇用が他の産業よりも多く行われてきた。パートやアルバイトなどの非正規雇用従業員が比較的多いのも、食サービス産業の特徴である。また、労働集約的であることや、サービスの特徴である「同時性（生産と消費が同時に行われる）」や「消滅性（在庫しにくい）」を鑑みると、食・食サービスにおける人的資源管理では、食ならではの要素やサービスの特性を考慮することが望まれる。Part 5 では、食と価値工学における人的資源管理について学ぶことを目的とする。

1　上林憲雄ほか『経験から学ぶ経営学入門』有斐閣、2007 年。

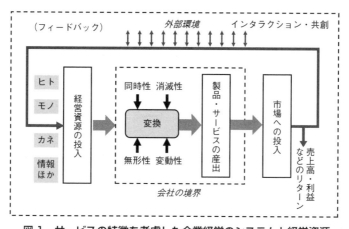

図1　サービスの特徴を考慮した企業経営のシステムと経営資源
出所：斎藤毅憲『経営学を楽しく学ぶ（第2版）』中央経済社、2002年、37頁と、
上林憲雄ほか『経験から学ぶ経営学入門』有斐閣、2007年、13頁をもとに、筆者が一部改変。

　従来の典型的な企業組織においては、組織は階層構造すなわちピラミッ
ド型の構造がとられてきた。組織には階層化の原則があり、指揮命令系統
が統制されている。部門の構成や部門間での調整や役割分担、分業がどの
ように行われるか、その形は組織形態として示される。どのような組織形
態をとるかは、業界や業種、組織の規模によって異なり、会社の戦略に応
じて決定される。基本的な組織形態に (1) 職能別組織、(2) 事業部制組織、
(3) マトリックス組織などがある。

　(1) の職能別組織では、組織を職能すなわち役割別に分ける。製造業で
は、研究開発部門、調達部門、マーケティング部門、製造部門、販売部門
などがあげられる。これに加えて、人事部門、経理部門、総務部門などの
スタッフ部門がある。前者は、収益を生み出すプロフィット部門であるの
に対して、後者は会社全体を支える縁の下の力持ち的な役割を担い、非収
益部門（ノンプロフィット部門）と呼ばれる。食品製造業では、製造業の組
織形態と似通った部門で構成されることが多い。ただし、研究開発にかか
る時間や組織の規模、各組織の人数構成は、食と食以外のものを扱う企業

では特徴が異なってくる。食材の原料調達においては、地産地消や季節変動、自然環境による影響の大きさなど、食ならではの管理の難しさや固有性があげられる。(2) の事業部制組織は、1920年代にアメリカの企業によって採用された組織形態で、事業拡大に伴う多角化戦略の中で生まれた。職能別組織では、組織が役割別に分けられるのに対して、事業部制組織では、事業部の中にそれぞれの役割組織がぶら下がる。複数事業を展開する企業においては、事業部ごとに、研究開発部門、製造部門、販売部門などを有する。(3) のマトリックス組織は、職能別組織と事業部制組織の両方の要素をあわせ持つマトリックス状（格子状）の組織形態である。指揮命令系統を、職能別の軸と事業部別の軸の2軸においてそれぞれ持つことが特徴であり、2軸における管理のバランスを、目的と状況に応じてうまく保つことが求められる。

　上位層と下位層の指揮命令系統による分類では、ライン組織、およびライン＆スタッフ組織がある。ライン組織は、上位層であるトップから下位への指揮命令の一貫性を重視するのに対して、ライン＆スタッフ組織では、ライン組織を軸として中心に据え、それを支えるスタッフ部門を加えた組織を指す。食産業においても比較的規模が大きな企業では、例えば、取締役、本部長、部長、課長、係長、リーダー、一般社員というその他産業と同様の構成がみられるが、小規模な組織においては限られた少ない役職者に対して、多くの一般従業員が働くという例も多い。また、小売業や外食産業においては、需要変動に対して労働投入量を弾力的に調整することを目的に、パート・アルバイトの従業員比率が高い傾向がある。店長を非正規雇用職員が担う場合も少なくない。店長や主任をパート・アルバイトから登用する例や、正社員が一定期間ごとに店舗を移るのに対して、地元で働く非正規雇用のパート・アルバイトの方がより長くその店舗に勤続することも多くみられる。多様な雇用形態をいかにマネジメントするかは現代経営の大きな課題のひとつであるが、非正規雇用従業員が組織に占める割

合が大きいことや、担う役割と責任が他の産業と比べて大きい例が多くみられる点は、食サービス産業の特徴であるといえる。

ここで、ヒトを管理するとはどういうことであろうか。基本的な定義を押さえる。管理とは英語でマネジメント（management）である。ヒトを管理するマネジメントとは、組織において人を動かし共に働いて、効率的かつ有効に物事を行う活動のプロセスをいう[2]。組織は、特定の目的を達成するために集められた人々を、意図的に配置した集団のことである[2]。

マネジメントの機能は、アンリ・ファヨールにより「計画する」「組織化する」「リーダーシップを発揮する」「調整する」「コントロールする」の５つに分類された[3]。現在は、「調整する」を除く４つに集約されている[2]。マネジメントにおいて重要なことは、計画を立案し実行した後に、それが計画通りであったかどうか、適正であったかを評価することで、次の計画への改善につなげる一連の循環を繰り返すことであり、目標を達成するために繰り返される基本的な管理手順を「マネジメント・サイクル」とよぶ。企業は、持続的に事業を継続させる（ゴーイング・コンサーン）ことを目指しマネジメント・サイクルをまわしていく。計画（Plan）、実行（Do）、評価（See）、改善（Act）からなる PDCA サイクルは、企業が行う一連の活動を PDCA それぞれの観点から管理する。

人的資源管理には、3つの機能がある。人を効率的、効果的に働かせることによって能率を上げる「作業能率促進機能」、人を組織にとどまらせる「組織統合機能」、組織を戦略と適合させる「変化適応機能」である[4]。まず、作業能率促進機能では、働く従業員の作業能率を上げることを目指す。同じ人数の従業員を雇っているとして、労働投入量は変わらない場合

2　スティーブン P. ロビンス、高木晴夫 監訳『マネジメント入門——グローバル経営のための理論と実践』ダイヤモンド社、2014 年。

3　Fayol, H., *Industrial and General Administration*（邦訳：アンリ・ファヨール、山本安次郎 訳、1985 年『産業ならびに一般の管理』ダイヤモンド社）。

4　奥林康司ほか『入門　人的資源管理（第 2 版）』中央経済社、2010 年。

でも、生産性は、産出される付加価値を投入労働量で除した値で算出されるため、より高い付加価値を生み出すような働き方や、あるいはより少ない労働投入量で同量の付加価値が創出された方が高い生産性を実現できる。製造業では生産される財の価値は原則一定であり、生産効率を上げることで原単位を削減するアプローチが主である。分母に設定される例としては、他に、完成製品1個、中間部品1個、製品（部品）重量、製品（部品）長あたり、などがある。一方、食サービスをはじめとするサービス業においては、その特有の性質すなわち「非分離性」：生産と消費、プロダクトとプロセスの非分離や、「主観性」：レシーバの満足度等を考慮すると、提供される価値は一定とは限らない。エネルギー生産性を単位エネルギーあたりに生産できるサービス価値最大化問題として定義することで、サービスの生産性をエネルギー消費の観点から議論することが可能となる。そこで、サービスエネルギー生産性を、創出される価値に対する投入エネルギー量の商と定義する。サービスエネルギー生産性の評価式を式に示す。

$$Service\ Energy\ Efficiency = \frac{(Value\ Out)}{(Energy\ In)}$$

　サービスエネルギー生産性向上は、(1) 生産効率を上げることにより分母の投入エネルギー量を小さくすること、(2) 価値を上げるあるいは付加価値を創出することにより分子を大きくすること、(3) 生産効率を上げる以外の方法により分母の投入エネルギー量を減らすことによる3つのアプローチから実現することができる。

　組織統合機能では、たとえ素晴らしい人材を獲得できたとしてもすぐにその従業員が職場を離れてしまっては、それまでにかけた教育コストや、職場での連携によって他従業員との協調が図られていた相乗効果を欠いてしまう可能性がある。ある一定期間は、雇用した従業員がその組織にとどまり貢献することが、原則的には企業にとって有益である場合が多い。そ

1 Division of Work（分業）	8 Centralization（集権）
2 Authority and Responsibility（権限）	9 Scalar Chain（命令系統）
3 Discipline（規律）	10 Order（秩序）
4 Unit of Command（命令の一元化）	11 Equity（公平さ）
5 Unit of Direction（指示の一元化）	12 Stability of Tenure of Personnel（従業員の在職率の安定）
6 Subordination of Individual Interest to General Interest（個人利益の全体利益への従属）	13 Initiative（主導）
7 Remuneration of Personnel（報酬）	14 Esprit de corps（団結心）

表1　ファヨールのマネジメントの14原理
出所：日本語訳は、スティーブン P. ロビンス、高木晴夫 監訳、『マネジメント入門──グローバル経営のための理論と実践』ダイヤモンド社、2014年、31頁をもとに作成。

のためには、組織文化の醸成や他従業員との連携など、短期的な効率向上を志向するのみならず、中長期的な観点も踏まえたマネジメントが望まれる。最後の変化適応機能では、変動する外部環境に対して経営戦略や各種計画を軌道修正しながら組織を導いていくことが求められる。担当する作業すなわち職務内容や、制度、ルールや慣習を、柔軟に変化適応させ、職務設計や制度設計を見直しながら、検証・改善のマネジメント・サイクルをまわすことが重要である。

　マネジメントの歴史的発展を振り返ると、1911年にテイラーが発表した「科学的管理法」がまずあげられる。テイラーは、科学的管理法の父とよばれる。工場において科学的手法を導入し、作業標準や標準作業時間を定めることにより、作業効率を高める管理手法を構築した。また、作業標準の導入は、効率の良い作業をする従業員を評価するしくみにつながりモチベーションを醸成するという評価制度にも発展した。その後、アンリ・ファヨールやマックス・ウェーバーらにより「一般管理論」が提唱される。ファヨールは、マネジメントの14の原理（14 Principles of Management）（**表1**）として、全ての組織に該当するマネジメントを実行するための普遍的な原

理を提言している。[2]

　1920 年代の終わりには、ホーソン研究により職場環境が生産性にもた
らす影響が調べられた。職場の作業環境における照明の明るさの違いが生
産性に与える影響を実験的に確かめた研究である。この研究では、人は観
察されているときに普段と異なる行動をとることが明らかにされ、集団行
動における人の特徴に視点が向けられた。生産性向上には、物理的な作業
環境や労働条件でなく、職場の人間関係や仕事に対する感情面が影響する
ことが示された。1930 年代以降では、アブラハム・マズローによる欲求
段階説や、ダグラス・マクレガーによる XY 理論が提唱された。これら
は近年、より重視されるようになってきた従業員満足や、サービス・プロ
フィット・チェーン、幸せ経営の研究にもつながっている。

2 雇用管理
——多様化する採用への対応とサービスの同時性・消滅性による難しさ

　雇用管理とは、経営資源としてのヒトを企業経営に必要な資源量を満た
すように、獲得し、適材適所に配置し、調整することである。ヒト資源の
獲得には、組織の外から調達する「採用」と、組織の内すなわち他の部署・
チーム組織から調達する「異動」がある。事業再編や新規事業の立ち上げ
など、新たな人材需要が生じた際には、需要変動に合わせて「雇用調整」
が行われる。あるいは事業の撤退や縮小による人員削減や、他部門への異
動も雇用調整に含まれる。適材適所の配置においては、人と職務を組み合
わせるマッチングを行う。また、人的資源が組織を離れる際の「退職管理」
も雇用管理の一部である。本節では、食・食サービスにおける特徴的な事
例をあげながら、雇用管理に関する課題を考える。

厳しい人材の奪い合い

　日本は超高齢社会を迎え、世界に先駆けて高い高齢化率を更新する課題
先進国である。進行する少子高齢化に伴う労働人口減少により人材確保が
ますます難しくなっている。2007 年には、いわゆる「団塊の世代」（昭和
22 〜 24 年生まれの世代。出生数は 260 万人を上回った）が 60 歳に達することか
ら、大量の定年退職者が予想された。労働力減少に加えて、形式知化され
てこなかった熟練者の技術伝承や、ノウハウ継承の断絶が懸念された。い
わゆる 2007 年問題である。しかし、高年齢者雇用安定法の施行により団
塊世代の引退が先延ばしにされた。多くの企業において定年年齢の見直し
や、定年後の再雇用制度などの対策が行われたこともあり、2007 年問題
は大きな社会現象にはならなかった。次に、団塊の世代が 65 歳を迎える
年として、2012 年が人口構造の大きな変化と、それに伴う就業者数の減
少、非労働人口の増加が生じる年として着目された労働人口減少は喫緊の
課題として認識されている。国立社会保障・人口問題研究所が 2017 年に
発表した「日本の将来推計人口」では、人口に占める 65 歳以上人口の割
合（高齢化率）は今後拡大し続け、2015 年の 26.6% から 2065 年には 38.4%
と 2 〜 6 人に 1 人が老年人口となる見通しが示された。

　食産業の中でも、飲食サービス業は、他産業と比較して深刻な人手不
足である。欠員率（常用労働者数に対する未充足人数の割合）をみると、飲食
店・宿泊業の欠員率は全産業と比較して 2 倍程度高い。特に、飲食サー
ビス業における労働者不足は深刻であり、労働者過不足判断 D. I.（Diffusion
Index）（不足と回答した事業所の割合から過剰と回答した事業所の割合を差し引いた
値のこと）をみると、宿泊業・飲食サービス業のパート労働者不足が顕著
であることがわかる（図 2）。

5　厚生労働省「雇用動向調査（産業、企業規模、職業別欠員率）」より。
6　厚生労働省「労働経済の分析（平成 29 年度版）」より。

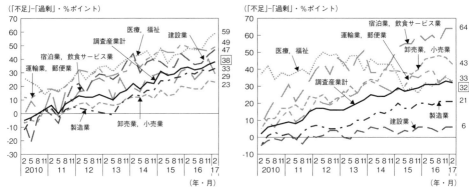

正社員等

（「不足」-「過剰」・%ポイント）

パートタイム

（「不足」-「過剰」・%ポイント）

図2　産業別にみた労働者過不足判断 D.I.

出所：厚生労働省「平成 29 年版労働経済の分析」21 頁をもとに作成。
https://www.mhlw.go.jp/wp/hakusyo/roudou/17/dl/17-1.pdf

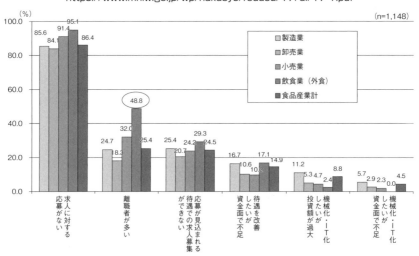

図3　産業別の労働力に関する調査結果

食品関連企業 1148 社が回答。対象：雇用実績または雇用見通しが「不足」と回答した先。
出所：日本政策金融公庫「労働力に関する調査結果」（2017 年）をもとに作成。

　労働力不足の原因をみると、全産業を通じて最も多いのが「求人に対する応募がない」という回答である。これは、前述の労働人口減少に伴い、そもそもの労働人口が不足している点が原因としてあげられる。また、業種別の回答をみると、飲食業（外食）においては、「離職者が多い」

ことも労働力不足の大きな原因となっている（**図3**）。

　離職率が高いことや大量離職と関連する社会課題に、ブラック企業がある。厚生労働省は、「ブラック企業」という言葉の定義は明確ではないと前置きしたうえで次のように示している。

　　一般的な特徴として、① 労働者に対し極端な長時間労働やノルマを課す、② 賃金不払残業やパワーハラスメントが横行するなど企業全体のコンプライアンス意識が低い、③ このような状況下で労働者に対し過度の選別を行う、などと言われています[7]。

また、今野は、以下のように述べている。

　　「ブラック企業」とは、主としてサービス業における新興大企業を中心に、「大量採用・大量離職」を引き起こすような新しい労務管理を行う一群の企業が自然発生的に呼称されるようになった用語である。同語は、何らかの現象を定義した学術的概念ではなく、インターネット上に自然発生的に生起した「言説」であるが、従来とは異なる労務管理の下におかれた「正社員」について労働者の不満が表出したものと考えることができる[8]。

　　ブラック企業における労務管理を図式的に示すと、「大量採用→使い潰し（選別・使い捨て）→大量離職」と表現され、このような労務管理は主としてIT情報サービス産業や外食、小売り、介護などのサービス産業の中でも特に新興企業に中心的にみられる[8]。長時間労働や低賃金が常態化する

7　厚生労働省ウェブサイト「『ブラック企業』ってどんな会社なの？」https://www.check-roudou.mhlw.go.jp/qa/roudousya/zenpan/q4.html

8　今野晴貴「4「新しい雇用類型」の性質と労使交渉の課題——「ブラック企業」現象に着目して」『労務理論学会誌』24、2015年。

ブラック企業問題が指摘されるこれらの外食、小売り、介護などの産業は労働集約的で需要変動が激しく、サービス材を在庫しにくいビジネス領域であるとも捉えられる。典型例として外食産業があげられてきた要因には、産業としての雇用者数の多さと事業規模の大きさに対して、1970年以降急速に成長した産業規模と急成長に伴う制度基盤整備の遅れや、根本原因としての労働生産性の低さなどがあげられる。

採用から退職まで——職務のマッチングと配置転換

企業に入社してから退職するまで、多くの場合は、複数の部署や職務を担当することになる。部署や所属を異動し、担当する職務が変わることを配置転換という。自身の適性や目指すキャリアに応じて、人事面接などで希望を伝えながら、組織と個人の利害が短期的のみならず、中長期的にも一致するよう、目標を定めキャリアシート作成や、訓練・教育計画が策定される。その人物がこれまで培ってきた知識や専門性に加えて、パーソナリティに適した職務配置の研究が進んでいる。

企業の雇用管理において、もっとも広く用いられるパーソナリティのフレームワークに、「マイヤーズ・ブリッグズの性格タイプ・インデックス（MBTI：Myers-Briggs Type Indicator[9]）」がある。特定の状況下においてどのように行動するかを、100の質問に対する回答を基礎に分類する。

外交的 E：extroverted	内向的 I：introverted
感覚的 S：sensing	直感的 N：intutive
思考的 T：thinking	感情的 F：feeling
判断力に訴える P：perceiving	知覚に訴える J：judging

9 McCrae, R. R., and Costa, P. T. Jr., 1989, Reinterpreting the Myers-Briggs Type Indicator from the Perspective of the Five Factor Model of Personality. *Journal of Personality*.

　これらを組み合わせた 16 種類のパーソナリティ・タイプの組み合わせ
に分類し、個人の行動特性を類型化する。ただし、MBTI がパーソナリティ
の尺度として正規であるという証拠はなく[10]、MBTI の結果は職務成績と
は無関係の傾向にあることが示されている。

　パーソナリティの構造に関しては、ビッグファイブ・モデル（Big Five）
や 5 因子モデル（Five Factor Model）が認められている[11][12]。外向性（Extraversion）、
協調性（Agreeableness）、誠実性（Conscientiousness）、情緒安定性（Neuroticism）、
開放性（Openness）の 5 つの次元でパーソナリティの構造を捉えるモデル
である。これらのパーソナリティの要因と職務成績との間には重要な関係
性があることが示されている[15]。

　また、適材適所の職務配置を目指し、パーソナリティに適した職務配置
を志向するパーソナリティと職務の適合理論の研究も進められてきた。表
2 に示すホランドの理論では、従業員の職務満足と離職希望理由は、パー
ソナリティがその職場環境にどの程度適合しているかによって左右される
としている。

　近年、労働人口の減少に伴い、定型的な作業や繰り返しの多い作業、ま
たあらかじめ判断根拠を規定できるルールベースの整理が容易な仕事にお
いて、自動化や AI 導入が著しく進んでいる。科学技術の発展や社会変化
とともに、仕事の種類が変わっていくなかで、将来必要な職務を鑑みなが

10 Gardner, W. L., and Martinko, M. L., 1996, Using the Myers-Briggs Type Indicator to Study Managers: A Literature Review and Research Agenda. *Journal of Management*, 22-1, pp. 45-83.

11 Goldberg, L. R., 1981, Language and individual differences: The search for universals in personality lexicons. In L. Wheeler（Ed.）, *Review of personality and social psychology:* Vol.2. Beverly Hills.

12 Costa, P. T. Jr., and McCrae, R. R., 1995, Solid ground in the wetlands of personality: A reply to Block. *Psychological Bulletin*.

13 Digman, J. M., 1990, Personality Structure : Emergence of the Five-Factor Model, *Annual Review of Psychology*, 41.

14 Barrick, M. R., and Mount, M. K., 1991, The Big Five Personality Dimensions and Job Performance: A Meta-Analysis, *Personnel Psychology*, 44, pp. 1-26.

15 スティーブン P. ロビンス、高木晴夫 訳『組織行動のマネジメント』ダイヤモンド社、2009 年。

基本的な 性格タイプ	説　明	職業の例
現実的 Realistic	協調性、スキル、体力、調整などを必要とする肉体的活動への関心がある。問題の実行や作業タスクの実行に物理的に関与することを好む。対人スキルや言語コミュニケーションを伴うタスクを避け、抽象的な問題状況よりも具体的な状況を求める。	自動車機械工 航空機管制官 電気技師 測量士 農業従事者
研究的 Investigative	主な特徴として、行動よりも思考、支配や説得よりも整理・体系化や理解といった活動を好む。社交性があまり高くないことがあげられる。密接な対人関係を避けることを好むが、必ずしも実際の同僚に対する対応とは異なる。	生物学者 化学者 物理学者 人類学者 医療技術者 地質学者
芸術的 Artistic	強い自己表現と芸術的表現を通じて間接的に人々と関係する。組織・構造的でない活動を好み、身体的スキルや対人関係を重視した仕事を好む傾向がある。自制心を前面に出すよりも、感情的にふるまうことや感情表現に長けている。	作曲家 音楽家 舞台監督 作家 俳優女優 インテリア 　デザイナー
社会的 Social	他者を助けたり、他者の健康、教育や幸福を促進することを含む活動に引き寄せられる。現実的および研究的タイプとは異なり、社会的タイプは密接な関係を求める傾向がある。社会的に成熟し、孤立した活動を嫌う傾向がある。広範な問題や課題解決、知的問題解決を必要とする活動にも向いている。	教師 カウンセラー 臨床心理学者 ケースワーカー
企業的 Enterprising	言語コミュニケーションスキルが高い。他者をサポートするよりも自己の利益のためにこれらのスキルを使用する傾向がある。力や地位に対する関心が高い。野心的で地位を達成することを熱望する。	営業担当者 マネージャー 事業経営者 テレビ 　プロデューサー スポーツ 　プロモーター バイヤー
慣習的 Conventional	規則や規制によって定められることを好む。自制心が強く、個人的なニーズの従属や権力や地位との同一化によって典型化される。体系立っていることや秩序を好む。組織化・体系化されているような整理された対人関係や仕事の状況を求める。	会計士 金融アナリスト 銀行員 経理 財務

表2　ホランドの理論における基本的な性格タイプ（Description of Holland Types）
出所：J.L.Holland, *Making Vocational Choices: A Theory of Vocational Personalities and Work Environments, 2nd ed.* Upper Saddle River, NJ: Prentice Hall, 1985.

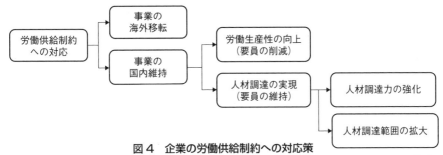

図4　企業の労働供給制約への対応策

出所：今野浩一郎「労働供給制約時代の人事管理」『日本労働研究雑誌』674、2016年をもとに作成。

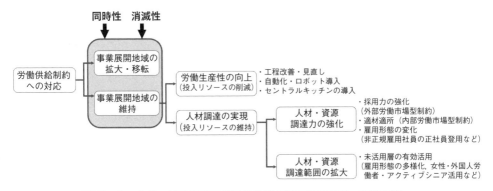

図5　食・食サービス産業における企業の労働供給制約への対応策

出所：今野浩一郎「労働供給制約時代の人事管理」『日本労働研究雑誌』674、2016年をもとに、
　　　筆者が一部改変。

らパーソナリティに適合したキャリア形成を考えていくこと、また組織に
おいてそのような雇用管理を推進することは、現代ならではのマネジメン
トの課題としてあげられる。

多様化する採用

　労働人口の減少を背景に、企業が必要なときに十分に人材を確保できな
い状況が続くことを労働供給制約という。この労働供給制約への対応策と
して、今野は企業のとりうる施策を**図4**に示している[16]。本図をもとに、食・

16　今野浩一郎「労働供給制約時代の人事管理」『日本労働研究雑誌』674、2016年。

食サービスの特徴を考慮して改変した図を示す（図5）。第一段階目の施策は、既存事業を人材確保が可能な地域に移転する方法である。事業展開地域の維持の場合には、次に労働生産性の向上によって要員を削減するか、人材を新たに調達する方法があげられる。ただし、外食産業や食にかかわるホテルや小売りなどのサービス産業では、生産と消費が物理的にも時間的にも近い「同時性」の特徴を有する。この場合、事業展開は場所的制約を有することとなり、事業場所を需要に対する労働供給可能量に応じて分散的に調整することが難しい。労働生産性向上は、工程改善や見直し、自動化やロボット導入などにより投入リソースを削減することができる。また、外食・中食産業では、現地での調理とセントラルキッチンでの集中的な大量調理を行うことで生産性向上を図り、両手段をバランスよく実施することで生産性が向上する。人材調達の実現では、生産した商品やサービスを在庫することが難しい「消滅性」から、需要変動に対してある程度適応的に対応する必要がある。そのため、正規雇用の従業員のみで変動する需要に対応することが難しく、女性・外国人労働者・アクティブシニアなどの未活用層の有効活用による人材・資源調達の拡大に加えて、弾力的に労働投入量を調整できる非正規雇用従業員が活用されてきた。また、外食産業では、店舗のオペレーションにおいて、複数の店舗で従業員を需要変動に応じて融通しあいシフトを調整するエリア採用が行われる。ホテル・リゾート業では、職務によって時間帯別の労働需要の多寡が異なることを利用して、時間帯別にヘルプを出し合うシフト調整が行われる例がある。これらも、人材調達範囲の拡大策のひとつであるといえる。また、食材の保存技術を活用して在庫時間を融通する工夫も可能である。例えば、発酵や干すといった保存加工や、熟成肉などにおけるうまみを増やす熟成加工は、保管期間の自由度を上げることと食材のおいしさという付加価値を上げることの両方を達成している。

終身雇用と定年制

　終身雇用は、『日本の経営』[17]において「lifetime commitment」として取り上げられたのが最初であるといわれる。新入社員として入社したひとつの企業に定年まで勤続し続けることを意味するもので、年功賃金、企業別組合と並ぶ日本的経営の三種の神器のひとつとして、日本の雇用管理の特徴として認識されてきた。終身雇用によって定年退職までの安定的な雇用を保証される場合には、教育・訓練や技能習得計画も長期的な視野で捉えることができる。雇用する側もされる側も、その企業への貢献を退職までの期間全体で捉えながら、異動などの配置転換や、ジョブ・ローテーションによるキャリア形成を進めることができた。また、長期間働く従業員が多いことは、企業特殊技能と呼ばれる、その組織特有の技術を身につけた人材を多く育てることにもつながった。しかし、時代の流れとともに現在では、終身雇用を維持することは難しくなっている。2019年には、経団連会長が終身雇用を前提に、企業運営や事業活動を考えることの限界に言及し、日本的雇用システムの見直しが求められている。

3　組織設計
──人・人の分業から人・機械を含む分業へ

　A. D. チャンドラーは、「組織は戦略に従う（Structure follows strategy.）」と述べた。米企業 Big 4（デュポン、GM、スタンダード石油ニュージャージー、シアーズ・ローバック）の実証研究により、市場環境の変化に伴う戦略の変更によって組織構造が変わっていったことをあげ、環境への適応が組織構造を規定

---

17 Abegglen, J. C., 1958, *The Japanese factory: Aspects of its social organization.* Glencoe, IL: Free Press.
　（邦訳 J. アベグレン『日本の経営』占部都美 監訳、ダイヤモンド社、1958年）

すること、組織構造が戦略に従わないと結果非効率になることを示した。[18]

　「組織化する」ことはマネジメントの主な4つの機能[19]のうちのひとつである。組織化では、組織目標を達成すべく必要な仕事を配分する。その組織の中で、誰が何の作業を行い、仕事をどう分配するのか、報告系統をどうするのか、指揮命令系統や決定権などの裁量を決めていく[19]。このように、マネージャーが組織の目的に応じて組織を形成していくことを組織設計という。

　組織研究の変遷は、マックス・ウェーバーの官僚制理論が源流である。ウェーバーは『支配の社会学[20]』の中で、「官僚制こそが日常的な業務の質量の高度化、増大に対処でき、行政面での卓越した純技術的優秀性を発揮できる制度である」と述べ、官僚制はあらゆる任務に対して普遍的に適用できると指摘した。しかし、のちにその仮説は、さまざまな研究者によって批判的な検討[21][22]が展開されてきている[23]。その後、組織構造を多次元概念として捉え記述する研究が主流となり、組織構造を表す次元は次の3つに集約されることで合意が得られつつある。

　公式化（formalization）

　複雑性（complexity）

　集権化（centralization）

18 Chandler, A. D., 1962. *Strategy and structure: chapters in the history of the American industrial enterprise*. M.I.T.Press.

19 スティーブン P. ロビンス、高木晴夫 監訳『マネジメント入門』ダイヤモンド社、2014 年。

20 邦訳は世良晃志郎 訳『支配の社会学Ⅰ・Ⅱ』創文社、1960-2 年。

21 Merton, R. K., Bureaucratic structure and personality. Social Forces, 第18巻、1940年、560-8頁（R. M. Merton, *Social theory and social structure* に採録）。邦訳、ロバート・K・マートン著、森東吾、森好夫、金沢実、中島竜太郎 共訳『社会理論と社会構造』みすず書房、1961 年、第 6 章「ビューロクラシーの構造とパースナリティ」179-89 頁。

22 Selznick, Philip., 1980, *TVA and the grass roots: a study of politics and organization*. University of California Press.

23 野中郁次郎、加護野忠男、小松陽一、奥村昭博、坂下昭宣『組織現象の理論と測定』千倉書房、1978 年。

組織設計における6つの要素

　組織設計において組織構造を決定する際に影響を与える6つの要素を次に示す[19]。

① 職務の専門化

　組織において複数あるさまざまな業務を個別の仕事（職務）に分割することを職務の専門化という。職務の専門化を、分業と呼ぶ。

　企業は、組織全体における基本的な役割（職能）を、組織に所属する複数の人で分業し、仕事を進める。職能には、例えば、研究開発、企画、製造、調達、販売などがあげられる。さらにこれらの基本的職能は、例えば、製造技術、工程計画、生産計画、工程管理、品質管理などの細かな仕事に細分化することができる。細分化された仕事は、従業員に割り振られる。この細分化され、人に割り振られた仕事を職務（ジョブ）とよぶ。スケジューリングは、このジョブをどの資源（人・設備）がいつ行うかを決定する問題である。スケジュール作成では、ジョブを時間軸に沿って人・設備に割り付けていく。

　アダム・スミスは、ピンを製造するプロセスを観察し、分業のメリットを示した。組織に属する従業員の中で役割分担をして分業することによって生産性が高まるとして、分業には、① 担当する職務を変更する際に必要な段取り替えコストや段取り替え時間、中断が削減される効果、② 割り当てられた作業に集中することによる習熟効果（学習効果）、③分業によって、個々の作業が単純化され、分割された作業の専用の道具や工具の開発が促進される効果があることを示した。

　20世紀初頭までは、職務の専門化による生産性向上が一般的に信じられてきた[19]。しかし、専門化が広く浸透してくると、退屈、疲労、ストレス、低い生産性、低品質、欠勤率の増加、高い離職率などの人間固有の不経済

な性質が、業務上の経済上の利点を上回り生産性向上につながらない場合があることがわかっている。[19][24]

② 部門化[19]

　部門化では、共通する業務をグループにまとめ分類する。分類方法は、組織の目的や戦略に応じて決定されるが、一般的には次の5つの種類がある。実行される職務によって従業員をグループ分け・分類する「職能別部門化」、製品分野ごとに分類する「製品別部門化」、顧客によって分類する「顧客別部門化」、地理や地域に基づいて分類する「地域別部門化」、業務の流れや業務プロセスによって分類する「工程別部門化」である。[19]

　職能別部門化では、共通するスキル・技能を持つ従業員が集められ専門化されることで、規模の経済が得られる。[19]顧客別部門化では、卸売、小売、自治体、政府向けなどの顧客ごとに分類される。このとき、扱う製品やサービスが異なる場合でも、顧客によって課題やニーズに共通性や類似性があることが前提である。[19]

　食における部門化の例として、例えば、製品別部門化では、食品製造業がヘルスケア産業に進出する場合や、他産業が基礎研究の結果を食品開発に応用する場合に、製品群で部門化する例があげられる。地域別部門化においては、食における味覚や慣習は、地理的な特性やそれまで培われてきた地域文化により影響を受ける場合が多い。よって、使用される食材や味付けを地域の選好に応じて戦略的に変えることが一般的によく行われている。同じ商品名でも、その味付けやパッケージを地域ごとに変えている例も多くみられる。国際的に商品展開をする場合にも、宗教や文化による制約を考慮する必要があるため、地域別部門化が導入される。

24　S. E. Humpherey, *et al.*, 2007, Integrating Motivational , Social, and Contextual Work Design Features: A Meta-Analytic Summary and Theoretical Expansion of the Work Design literature, *Journal of Applied Psychology*, pp.1332-56.

③ 権限と責任[19]

　分割された仕事は、組織の中で個々の仕事が効率的・効果的に遂行されるよう調整し実行される。組織における指揮命令系統を定め、誰が誰に命令を与え指揮するのかをあらかじめ決定しておかなければならない。職務がよりよく遂行されるために命令を発することができる権利のことを権限という。権限には、割り振られた任務を遂行する責任が伴う。また、マネージャーが他の従業員に権限を委任する場合には、その権限に相応の責任が割り当てられる。この責任は、任務を任されたことによる自信や裁量の拡大によるやりがいの醸成に通じ、成長機会につながることも多い。

　ここで、2008 年に話題になった名ばかり管理職に触れる。

　「名ばかり管理職」とは従業員に呼称上「店長」などの肩書きを与えることで、労働基準法上で労働時間管理の規制外となる管理・監督者を装い、彼らを残業手当の支払い対象から除外するという企業の意図から生じる実態のない管理職のことをいう[25]。

　八代は、第 1 の可能性として、管理職と非管理職の線引きが法律の趣旨に適合しなくなったことをあげている。労働基準法上の管理・監督者職の実態にない従業員に管理職の肩書を与えることで、残業手当支払いの適用除外とし人件費コストを削減したい点が、大きな要因としてあげられる。次に、第 2 の可能性として、管理職という肩書きと権限や報酬との間の乖離を指摘している。役職とは別に、従業員の序列や能力を示す「資格制度」[26]が導入された。資格制度の導入により、同一資格にある従業員が同一能力であるかのように信じられ、役職につかない管理職が役職者であるか

25　八代充史「なぜ「名ばかり管理職」が生まれるのか」『日本労働研究雑誌』51(4)、38-41 頁、2009 年。
26　八代充史『管理職層の人的資源管理 労働市場論的アプローチ』有斐閣、2002 年。

のように処遇されたことを指摘している。またこのとき、管理職者として
昇給する際には残業手当がなくなるが、その見返りとしての昇給があった
ために問題が顕在化しにくかったことをあげている[25]。

　名ばかり管理職は、1975 年前後から金融機関を中心に取り上げられ、
2008 年 1 月の日本マクドナルド判決を発端に、外食産業の店長や、工場、
学習塾、病院の医師・部長などの管理監督者へとさまざまな業種の問題と
して発展した。

④ 管理の幅[19]

　1 人のマネージャーが管理できる従業員の数は、効率性や効果を考える
と限られる。1 人のマネージャーが管理できる人数のことを管理の幅(span
of control) と呼ぶ。きめの細かな管理を志向して、6 名以下の少ない人数
が好まれてきたが[27]、2000 年以降管理の幅に関する理論研究により、管理
の幅（人数）は条件変数を考慮して決められることが多くなった[28]。状況変
数には、職務の類似性、複雑さ、従業員の物理的距離、工程の標準化、情
報システムの精度、組織の価値体系、マネジメントスタイルなどがある[29]。

⑤ 集権化と分権化

　組織の規模にもよるが、一般的に、全ての意思決定を 1 人が行うことは
非現実的である。会社組織には、トップマネージャー、ミドルマネージャー、
第 1 線マネージャーなど最上位の意思決定を行う最高責任者から、階層的
に責任と権限が付与されたマネージャーが存在する。ある一定の制約の中
で、価値を最大化し一貫性のある選択として合理的な意思決定をくだすた

27　Urwick, L., 1944, *The Elements of Administration*, Harper & Row.

28　Harisson, S., 2004, Is There a Right Span of Control? Simon Harrison Assesses the Relevance of
　　the Concept of Span of Control to Modern Business, *Business Review*, pp. 10-3.

29　D. Van Fleet., 1983, Span of Management Research and Issues, *Academy of Management Journal*.
　　pp. 546-52.

めに、決められた手法で対処できる反復的な課題に対する定型的な意思決定や、難易度の低い意思決定は、より下位の部下に任せることが望ましい。重要度や緊急度に応じて戦略的に意思決定者が委任されることが必要である。このとき、意思決定権限が上位に集中することを集権化（centralization）、権限が分割し委譲されていることを分権化（decentralization）という。

　管理の幅が広いと、ひとりのマネージャーが管理する部下の人数が増えるために部下の行動を十分に把握することが難しくなり調整が困難になる。組織全体で管理の幅を狭くすると、相対的に縦長のピラミッド組織（階層構造）となる。管理の幅を広くすると、相対的に幅が広い横長のフラットな組織となる。管理の幅と組織の階層構造は関連していることがわかる[30]。

⑥ 定型化（公式化）

　職務がどれだけ標準化されているか、あるいは、手続きや仕事の手順が明文化され組織のメンバーに共有されているかを定型化（公式化）という[19]。明文化された文書には、職務説明書や組織規則、工程設計書などがある。定型化は、従業員が同じ手続きに従うことで、教育や訓練による生産性向上をせること容易にするため、効率的であると考えられる。ただし、工夫の余地や自由度、裁量を奪うことにもつながる側面があるために、組織の活性度や従業員の成長を促進しづらくする可能性がある。効率性とそのほかのバランスを見極めながら、定型化の度合いを検討することが必要である。

　藤本は、日本は欧米と比較して雇用の流動性が低く、雇用時に求められる顕在的な要件は、資格や経験役職、専門分野、業務経歴のみならず、企業独自の価値観や行動規範が影響すること、そのために、日本企業では、経営戦略を起点として職務や組織に求められる人材要件を定義することは容易ではないことを指摘している。そのうえで、経営戦略と求められる人

30　上林憲雄ほか『経験から学ぶ経営学入門』有斐閣、2007 年。

人材カテゴリー	個人志向			組織志向	
	定 義	人材タイプ	自動化・ロボット化	定 義	人材タイプ
革新レベル： 「コア人材」	自らの高度な技術や専門知識を活用して組織の創造的革新に貢献する人材	組織内プロフェッショナル	汎用的作業よりも専門作業の方が得意であり、限定的に作業が切り出される場合は代替可能。技術・知識を活用した革新は容易ではない	明快なビジョンに基づいて戦略や組織変革をマネジメントする人材	エグゼクティブリーダー （経営者や事業部長）
改善＆部分的革新レベル： 「ノン・コア人材」	既存の仕組みを改善もしくは部分的に革新して組織的な変化に貢献する人材	知的熟練者	学習による改善は得意である。革新や組織への変化貢献は容易ではない	既存の仕組みを改善もしくは部分的に革新して組織的な変化をマネジメントする人材	変革型ミドルマネジャー
運用レベル： 「コンティンジェント人材」	既存の仕組みや手順に従って確実かつ効率的に定型的業務を遂行して組織に貢献する人材	マニュアルレイバー／スペシャリスト	導入しやすい	既存の仕組みや手順に従って確実かつ効率的に組織目標の達成をマネジメントする人材	監督者／専門監督者

表3　日本企業の人材ポートフォリオのフレームワークと自動化・ロボット化導入の可能性
出所：藤本雅彦「日本企業の実践的人材ポートフォリオとキャリア開発」『人材育成研究』2-1、2006年、91頁をもとに筆者にて一部追加。

材像との関係を規定するための、日本企業の現実的なポートフォリオのフレームワークとして**表3**を示している[31]。本表は、藤本の表をもとに、個人志向における自動化・ロボット化の導入可能性を追加したものである。定型化（公式化）が主体である運用レベルは「コンティンジェント人材」に該当する。ここは、もっとも自動化・ロボット化が導入しやすい領域である。それに対して、改善＆部分的革新レベル「ノン・コア人材」は、学習による改善は得意である一方で、革新や組織への変化貢献は現状の技術発展の範囲では容易ではない。革新レベル「コア人材」は、人材カテゴリにおいては、最もレベルが高い領域であるが、自動化・ロボットは、汎用機ではなく専門の作業に特化した開発が得意であるために、限定的に作業

---

31 藤本雅彦「日本企業の実践的人材ポートフォリオとキャリア開発」『人材育成研究』2(1)、2006年。85-97頁。

組織の構造設計における基本変数
1．組織における仕事の分担をいかに行うか、つまり役割（職務）をいかに決めるか（分業関係）
2．役割の間の指揮命令関係をどうするか（権限関係）
3．どのような役割同士を結びつけてグループ化するか（部門化）
4．役割の間の情報伝達と協議のあり方をどうするか（伝達と協議の関係）
5．個々人の仕事の進め方を、どの程度まで規則や規程として事前に決めておくか（ルール化）

表4　組織の構造設計における基本変数

出所：伊丹敬之・加護野忠男『ゼミナール経営学入門』日本経済新聞社、1989年、262頁をもとに作成。

を切り出すことが可能である場合には高度な技術や専門性のある作業であっても代替可能な場合が多いと考えられる。ただし、技術や知識を活用した革新は容易ではない。組織志向においては、機械同士、あるいは機械と人との協調が必要であるため、単純に導入可能性を論じることは現時点の技術発展の展望では難しく、今後の研究開発が望まれる。

　伊丹らは、組織の構造設計における基本変数として次の5つを示している（表4）。分業関係、権限関係、部門化、伝達と協議の関係、ルール化である。これらの基本変数を組織の目的と戦略に応じて決定・調整し、組織を設計する。

　基本変数のひとつである分業は、それぞれの仕事を単純化することができる。特にこれは、現場や労働集約的な職務に有効であり、複雑な作業を単純な仕事に分けることができる。分業化が進むと、個々の従業員が専門化された仕事に携わることになるため、より早い専門化や熟練化が見込まれる。また、仕事が高度に分断できていれば、外部の第三者への委託や、内部の別組織への業務移管が可能となり、組織から人的負担を切り離すことも可能となる。ただし、分業化にもデメリットはある。仕事の単調化や単純作業の反復化は、従業員のモチベーションを低下させる可能性がある。

また、組織内の人的流動性の低下や組織の変化への対応力の鈍化、専門化による組織内の対立を生む可能性もある。[32]

　食・食サービス分野の組織設計においては、中小規模の組織設計が行われることも多く、中小企業ならではの特徴も考慮する必要がある。組織構造とは、調整と分業のしくみであるが、中小企業のひとつの大きな強みはスピードとリーダーシップである。意思決定のスピードや、リーダーシップが発揮しやすい構造を志向するために、組織構造よりも、より少ない階層と部門数に留めることが有効である場合が多い。ただし、組織における階層性が従業員のモチベーションに寄与することも無視できないため、組織設計において職位構造を考慮することが有効である。[33]

　従来の分業化の議論では、人による作業を別の人と分担することが前提であり、分担先の対象はあくまで人に限定されてきた。ただし、近年の技術発展により、職場への自動化・AI導入、ロボット導入が可能となった現代においては、作業の調整は、人だけでなく人以外の主体も経営資源の源泉となりうる。特に、労働集約的な仕事が多く残る食にかかわるビジネス領域では、人と人以外の協調や仕事の分担は、今後の大きな研究課題としてあげられる。役割（分業関係）の設計や権限関係に、人以外をいかに組み込むか、また、伝達と協議の関係において、コミュニケーションをどう図るか、コンテクストを共有しづらい状況においてどのようなルールを規定するかなど今後の研究が望まれる。

　組織構造を考えるにあたっては、組織の成長・発展過程やライフサイクルを考慮することも必要である。組織の成長過程では、特有の類似の問題が発生する。組織のライフサイクルモデルは、1970年代より研究が蓄

---

32 伊丹敬之・加護野忠男『ゼミナール経営学入門』日本経済新聞社、1989年。

33 新村猛『よくわかる中小企業リーダー向けMBA総論』コミニケ出版、2012年。

34 Williamson, O. E., 1975, *Markets and hierarchies: Analysis and antitrust implications.* NY: Free Press.

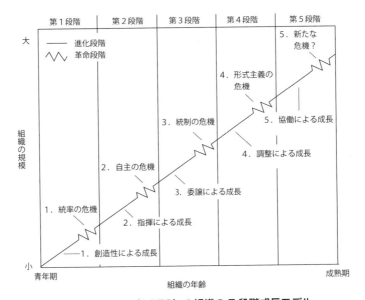

図6　Greiner（1972）の組織の5段階成長モデル
出所：Greiner, L., 1972, Evolution and revolution as organizations grow.
Harvard Business Review, 50（4）, pp.37-46.

積されてきた。Greiner（1972）[36]のライフサイクルモデルでは、組織は成長においていくつかの段階があり、次の段階に発展する際には必ず重要な転機が発生すること、この危機を乗り越えて次の成長段階に移行することを指摘している。発展モデルにおいて着目すべき5つの側面として、「組織の年齢（Age of the organization）」、「組織の規模（Size of the organization）」、「進展の段階（Stages of evolution）」、「革命の段階（Stage of revolution）」、「産業の成長率（Growth rate of the industry）」をあげている。また、組織の成長は5段階モデルであるとして、創造性（Creativity Stage）、指揮（Direction Stage）、委譲（Delegation Stage）、調整（Coordination Stage）、協働（Collaboration

---

35　Quinn and Cameron, 1983, *Organizational Life Cycles and Shifting Criteria of Effectiveness: Some Preliminary Evidence.*

36　Greiner, L., 1972, Evolution and revolution as organizations grow. *Harvard Business Review*, 50（4）, pp. 37-46.

Stage) の５段階からなるライフサイクルモデルを提案した（図６）。本モデルは、横軸に組織の年齢を、縦軸に組織の規模を示す。成長段階は、線形に移行するのではなく、次の成長段階に移るには必ず危機の発生が介在すること、その危機を解決するための変革が組織とマネージャーに求められることが強調されている。

4 組織構造と職務内容
──職務充実や多能工化とモチベーション向上を実現する組織構造とは

　組織設計では、組織の目的に応じて働く従業員の役割分担が決められる。設計された分業の体制において、組織の中で従業員それぞれの仕事が調整される。A. D. チャンドラーが、「組織は戦略に従う（Structure follows strategy）」と述べたように、組織の構造は組織の目標達成に資するものでなければならない。

　野中は、組織構造のひとつの理想型としての官僚制を「あらゆる分野の組織活動が組織目標と機能的に結びつくように、その細目が明確に規定され、職務間の摩擦、衝動的行動、個人的な関係が排除された組織活動の予測性と信頼性の高い組織[37]」と述べている。官僚制は、マックス・ウェーバーによって、近代官僚制の持つ合理的機能が強調された。その後、ロバート・キング・マートンらによって官僚制の逆機能が提唱され、規則万能や責任回避・自己保身、秘密主義、前例主義による保守的傾向、画一的傾向、権威主義的傾向、繁文縟礼、セクショナリズムなどにより、時にマイナスの結果がもたらされることが示された。ロバート・キング・マートンは、不安定な環境の下では官僚制は有効であるとは限らないことを指摘した。

　これらの官僚制の逆機能の指摘を継承し提唱されたのが「コンティンジェンシー理論」である。コンティンジェンシー理論とは、唯一解とし

37　野中郁次郎、『経営管理（日経文庫 512）』日本経済新聞社、1983 年。

ての最善な組織構造は存在せず、組織の環境と構造との適合（contingency）による組織の成果を分析する枠組みである。

　組織の分化は、組織が成長を追求する際に組織構造が大規模化複雑化することに対して、機能や職能ごとに組織が分かれ分割されていくことを表す。しかし、さらに成長が継続し分化が進むと、組織は効率を向上させる目的で分化の逆の過程をたどる場合がある。ローレンスとローシュは、組織の状態と環境との関係を分析し、組織が分化と統合をバランスよく実施できている企業ほど高い業績を上げることを指摘した。環境変動や市場条件が異なるプラスチック産業、食品産業、コンテナ産業を対象に実証研究を行った。当時はプラスチック産業が対象の中では最も変化の激しい産業とされ、食品産業は中間的な例として取り上げられた。

　組織構造と状況要因の研究が進むと、バーンズとストーカーにより、組織構造に機械的組織（mechanistic organization）と有機的組織（organic organization）の2種類の類型があることが示された。機械的組織は、技術や市場の変化が比較的安定した状況に適するのに対して、有機的組織は、技術や市場の変化が不安定で変動が激しい状況に向く。外部環境が内部のマネジメントの構造と関連性を持つことが示された[38]。伊丹らは、機械的組織と有機的組織の特徴を表5に示している。上位下達において権限統制が厳しく、職務・権限が明確化されている機械的組織に対して、有機的組織では、情報が分散し、水平的な情報と伝達を得意とし、従業員相互間での情報のやりとりが推進されやすい。近年の経営環境の変動の激しさやグローバル化を背景に、仕事を個々に細かく分担しあらかじめ明確に規定するのではなく、職務・権限の柔軟性をもって対応できる有機的組織を志向し、よりフラットな組織構造に変更する企業が増えてきている。

　旧来の組織設計における構造には、単純、職能的、部分的で機械的な特徴があった。組織形態の分類モデルに、職能別と事業部制別構造がある。

38　Burns. T., and Stalker, G. M., 1961, *The Management of Innovation*. London: Tavi-stock.

機械的組織	有機的組織
職能的な専門化	知識と経験に基づく専門化
職務・権限の明確化	職務・権限の柔軟性
職位権限に基づくパワー	専門知識に基づくパワー
ピラミッド型の権限構造	ネットワーク型の伝達構造
上層部への情報の集中	情報の分散
垂直的な命令と指示の伝達	水平的な情報と助言の伝達
組織忠誠心と上司への服従	仕事や技術への忠誠心
企業固有のローカルな知識の強調	コスモポリタンな知識の強調

表5　機械的組織と有機的組織（バーンズとストーカー）
出所：伊丹敬之・加護野忠男『ゼミナール経営学入門』日本経済新聞社、1989年、278頁をもとに作成。

旧来の組織設計と構造の特徴は、『マネジメント入門』[39]では次のように示されている。

単純構造[39]：

- 長所：迅速、柔軟、維持費が低い、責任が明快
- 短所：組織が成長すると適さない。1人の幹部への依存度が高く、リスクがある

職能別構造[39]：

- 長所：専門化によりコストを抑えられる（規模の経済、人材や設備の重複を最小限に抑える）。類似した業務を行う従業員をグループ化できる
- 短所：職能的目標を求めると、マネージャーは組織全体にとって何が最善かを見失うことがある。職能的な専門家は孤立するようになり、ほかの部署が何を行っているかほとんど理解しなくなる

事業部制構造[39]：

---

39 スティーブン P. ロビンス、高木晴夫 監訳『マネジメント入門』ダイヤモンド社、2014年。

- 長所：結果に注目することができる。部門マネージャーは、扱う製品やサービスに起こりうることに責任を持つ
- 短所：業務や資源の重複がコストを増大させ、効率を低下させる

　外部環境の変動が複雑で激しい現代においては、変動に対して柔軟であり有機的な組織が望まれる。「チーム組織」では、組織全体をチームで構成し、上下の指揮命令系統を持たずに従業員に権限を与える。業務チームには、問題解決型チーム、業務自己管理型チーム、機能横断型チーム、バーチャル型チームなどがある。業務チームが有効なパフォーマンスを発揮するために必要なものの中には、適切な資源、およびリーダーシップと組織構造があげられている。チームで働くための訓練や、クロスファンクショナルスキル研修、チームの体制に基づいた報酬や給与体系が求められる。
　「マトリックス組織」「プロジェクト組織」は、チーム組織に加えて現代の組織設計として一般的である[39]。マトリックス型組織では、異なる職能分野から人材を集めプロジェクトを結成する。プロジェクト期間中に限定した組織であり、プロジェクトが完了するともとの組織に戻る。プロジェクト型組織は、メンバーはプロジェクト専任で働き、プロジェクトが終了すると、別のプロジェクトに移る。マトリックス組織、プロジェクト組織においては、職能（機能）を横断して人材が組織される。製品開発組織の事例を図7に示す。
　このほかに現代の組織設計として、組織内外において横・縦方向や外部との境界による規定や限定を受けないバウンダリーレス組織や、少人数の常勤従業員をコアメンバーとして必要に応じて適宜組織を構成するバーチャル組織、外部リソースのネットワークを活用するネットワーク組織などがあげられる[39]。
　産業革命以降、マネジメントにおいては効率性が志向され、テイラーの科学的管理法をはじめ、作業効率向上に向けた標準化が進んだ。標準化と

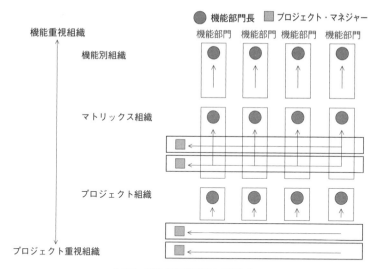

図7　製品開発組織のデザイン
出所：延岡健太郎『MOT［技術経営］入門』日本経済新聞社、2006年、190頁をもとに作成。

分業が進むことにより、個人が担当する作業は、より単純化されルーチン化されることになったが、同時にこの動きは従業員にとって単純かつ挑戦的な試行錯誤の要素が少ない仕事を担当させることにつながったために、職務不満足や生産性の低下を招いた。その後、マズローの欲求段階説をはじめ、職務設計においてモチベーションの問題が認識されることとなった。

　既存の組織構造は残したまま、職務の内容のみを変更するあるいは見直すことを、職務設計（ジョブデザイン：job design）や職務再設計（ジョブ・リデザイン：job redesign）とよぶ。

　職務設計には、

- 職務転換（ジョブ・ローテーション：job rotation）
- 職務拡大（ジョブ・ユンラージメント：job enlargement）
- 職務充実（ジョブ・エンリッチメント：job enrichment）

がある。これらそれぞれの手法は、共通していずれも何らかの形で分業を緩めることにつながっている点も特徴である[40]。

　職務転換では、担当する職務を変更する。中長期的な成長を目指して教育や訓練を目的に、定期的に職務転換を行う企業も少なくない。ある一定時間を経て、担当する職務を変わっていくことになるが、ローテーションの間隔は、従業員が担当する職務を覚え仕事を遂行できるようになる習熟曲線が安定した以降の時期が望ましい。また、異動頻度は、業界や企業文化によってその良否は異なる。取引先の企業や業界が安定的な環境を望む場合や、長期で比較的安定した契約関係の場合は、頻繁な職務転換により担当者が変わることは望まれない場合がある。逆に、業界によっては、過度に親密な関係性になることを避ける目的や、特定の人物に情報や知識が蓄積することを好まない場合に、一定期間ごとに配置転換を繰り返す場合がある。組織の目的や戦略に応じて、配置転換の頻度と回数をバランスよく実行することが必要である。

　職務拡大は、現在担当している職務に同程度の基本的な水準の職務が加えられることをいう。職務の水平的負荷（horizontal job loading）ともよばれる。職務充実は、職務拡大のひとつとも捉えられるが、担当する職務に加えて、難易度や水準の異なる職務に従事することをいう。職務の垂直的負荷（vertical job loading）とよばれ、管理業務を一般の従業員にも委譲するものである。ハーツバーグは、職務充実は仕事に達成感やそれによる承認をおりこむことや、挑戦的かつ責任のある仕事や成長機会を与えるとして、職務充実によるモチベーション向上を評価している[41]。

　奥田は、1972 年に鋼管会社の現場従業員対象に従業員の意見調査を実施し、1383 件の回答を得た結果を分析している[42]。一般従業員に対しては「あ

40　上林憲雄ほか『経験から学ぶ経営学入門』有斐閣、2007 年。

41　Herzberg, F., Paul, W. J. Jr., Robertson, K. B., 1969, Job Enrichment Pays off, *Harvard Business Review*, p. 61.

42　奥田健二「産業界における職務充実化の動向」『人間工学』9 (5)、1973 年。

なたは現在の仕事にやりがいを感じていますか」、監督者に対しては「部下に仕事のやりがいを感じさせるために、あなたは仕事の与え方にどのような努力をしていますか」と尋ね、職務設計とモチベーションの関係を分析した。結果、監督者においては、努力している点として「仕事の範囲を明確化して責任を任せる」点があげられた。これは、上級監督者である作業長のみでなく下級監督者の工長でも同じ傾向がみられた。他方で、一般従業員においては、欲求の水準がより高まってきており職務範囲を明確化するだけでは満足にいたらず、さらに職務拡大を望む声が強い点や、成長に応じて難しい仕事を与えてほしい、判断や裁量の余地を増やしてほしいなどの職務充実化を望む声が徐々に増大している傾向を指摘している。また、一般従業員がやりがいを感じる理由として仕事の範囲の明確化をあげる割合が減少し、仕事における変化や職務拡大に対する不満をやりがいを感じていない理由にあげる従業員が多いことをあげ、監督者の考え方と一般従業員の受け取り方の間のズレを指摘している。

この研究では、ほかの産業の事例も紹介されている。サービス業の例では、入社後1年以上の女性社員に、自分自身で販売責任対象とする商品を選択させ、問屋への直接発注を任せることで、責任発注の裁量が増え、裁量を持たない他の従業員に比べて強いやりがいと能力発揮に対する誇りを持つようになった例が報告されている。

造船業の例では、従来船舶の居住区の艤装の職務は、配管職、木工職、板金職、塗装職、溶接職など伝統的な職種の組み合わせによって進められてきたが、船舶建造方式の導入に伴い、多能工化的な役割が求められるようになった。多能工化を職種を再編成して「複合職種を新設する」ユニークな活動と表現している。本活動を展開する際に、仕事にやりがいを持ちうる内容に仕事を拡げ深めるという観点を加え、全社的に運動が展開された。奥田によると、具体的には、

- 既存の各職種を単位作業に分解する
- 単位作業ごとに、肉体疲労度、動作の機敏性、判断力あるいは注意力等その要素によって評価し、年齢階層別にどの層に最適な作業かを判定する
- この単位作業の組み合わせの検討にあたっては、「仕事のやりがい」「技能向上に役立つような経歴上の位置づけ」という観点を重視する
- またこの単位作業の組み合わせに際しては、「作業負荷量の適正化」を十分に考慮し、このため「作業手順、工程、場所の関連性」というような職場ごとの特殊事情を具体的に考慮にいれる

　さらにこの運動展開において、従業員の年齢層を考慮し、若年層や老年層向け、壮年層向けに適合するよう仕事が再整理された。また、この職種再構成の過程において、監督者の参画を求め、マネージャーの積極的関与が促されたことにより、従来の伝統的な職種の枠を打ち壊して新しい職種を再構成する際の、現場の反発や慣れに対する不満を乗り越えた、職場全体での運動へと発展したと指摘している[42]。

　多能工化は、外食産業においても近年導入が進んでいる。和食は、伝統的な職場では下積み修行から板長とよばれるマネージャーに昇進するまでに長い修行期間が必要とされる。担当する職務は、修行の程度によって段階的に規定される。呼称は店によっても異なるが、一般的には、掃除や洗い物、器の用意や野菜の下処理などを担当する追い回しから始まり、八寸場、盛付け、焼き場、揚げ場、蒸し場、煮方、板場に職務は分けられる。修行の段階を経て徐々に技術力を向上させ、店舗運営全体に目を配れるようになる。ただし、近年は、伝統的な持ち回り制から、和食の世界においても多能工化が導入されている。和食チェーンレストランにおいて、ランチタイムとディナータイムの間の閑散時間に着目し、従来の持ち場での調理を主に担当するライン生産だけではなく、閑散期を対象に、少人数での

調理を可能とするセル生産方式の調理場を設け、需要の多寡に応じてライン生産とセル生産を使い分けることで、生産性を向上させる取り組みが報告されている。本事例では、多能工化と新たな生産方式を導入するにあたり、多能工になることへのモチベーションを引き出すためのインセンティブ設計、具体的には能力給の設計が同時に行われている。従来慣れ親しんだ働き方を変えることや、新たなスキルを獲得することは、従業員にとって一時的に負担になる可能性がある。人事制度設計と生産性向上のための設備・環境設計を同時に行うことで、生産性向上と利益向上さらに従業員満足の向上の三方よしを実現している。[43]

　農業分野の組織変革の事例に、農協共販と卸売市場流通を前提とした野菜産地のマーケティング戦略および組織体制の変革が報告されている。[44]生鮮青果物におけるスーパーマーケットの販売額は、2000 年前後から低迷し、ドラッグストアの急成長やコンビニエンスストアにおける新業態の開拓、インターネット販売等による無店舗販売など業態変化が進んだ。大手レストランチェーンは、より安全・安心で品質・鮮度が高い生鮮成果物を購入できるよう、産地との直接的な取引の構築を進める動きをみせている。また、産地段階においては、従来の農協共販体制に加え、一部農外資本も含めた農業生産法人が生産と販売の主体として登場した。このような背景を受け、野菜産地における課題として、加工・業務用需要やスーパーマーケットのプライベートブランドに対する営業活動の必要性が指摘され、産地においては個々の顧客に対応できる小規模なグループを育成し、これを単位とした生産・出荷体制の構築の必要性が述べられている。業界

---

43 Shimmura, T., Arai, K., Oura, S., Fujii, N., Nonaka, T., Takenaka, T., Tanizaki, T., 2018, Multiproduct Traditional Japanese Cuisine Restaurant Improves Labor Productivity by Changing Cooking Processes According to Service Product Characteristics, *International Journal of Automation Technology*, Vol. 12, No. 4, pp. 449-58.
44 佐藤和憲「業務用需要に対応した野菜産地の販売戦略と組織体制」『フードシステム研究』18 (1)、41-5 頁、2011 年。

全体の動向や、取引先のニーズ変化を把握し、組織内外のプレイヤーと協調しながら組織体制を構築していくことが必要である。

5 評価・考課
――働き方も価値観も多様化する時代に評価の質を高めるために

組織では、従業員の能力や働きぶりを評価し、その結果が給与や賞与に反映される。また評価結果をもとに、役職や昇給などの処遇決定や能力開発が行われる。人事評価には次の3つの目的がある。[45]

- **処遇決定**のための情報を提供する
- 適正な人材配置（**適正配置**）のための情報を提供する
- **人材育成**のための情報を提供する

人事評価においては、まず評価基準をいかに設定するかが課題となる。評価すべき要素は、組織によって異なるうえに、文化や時代によっても変化するために研究上きわめて難しい分野であると認識され科学的な検討が避けられてきた。[46]日本では、伝統的人事考課制度において、成績考課、能力考課、情意（態度）考課が行われてきた（表6）。この傾向は、成果主義が定着した1990年以降も継続しており、上司の査定のうち成績考課は、目標管理制度（MBO：Management By Objectives）を活用した目標達成度の評価に代わった。また、能力考課と情意考課は360度評価に代わられている。[47]

45 上林憲雄ら『経験から学ぶ人的資源管理』有斐閣ブックス、2010年。

46 Campbell, J. P. (1990) An overview of the Army Selection and Classification Project (Project A). *Personnel Psychology*, 43, pp. 231-9.

47 高橋潔「人事評価を効果的に機能させるための心理学からの論点」『日本労働研究雑誌』617、23-32頁、2011年。

成績考課	情意考課	能力考課
仕事の質 仕事の量	規律性 協調性 積極性 責任性	知識・技能 判断力 企画力 折衝力 指導力

表6　職能等級制度の主な考課項目

出所：奥林康司ら『入門　人的資源管理』中央経済社、2003年、114頁をもとに作成。（原図は楠田丘『加点主義人事考課──人材を育て活用する新人事システム』1992年、127-8頁をもとに三輪卓己が作成）

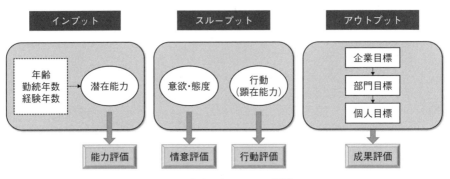

図8　人事評価の4つの基準

出所：上林憲雄ら『経験から学ぶ人的資源管理』有斐閣ブックス、2010年、120頁をもとに作成。

　上林らは、人事評価に4つの基準を提案している[45]。能力評価、情意評価、行動評価、成果評価の4つである。仕事の流れを大きな流れで捉えると、従業員の働きぶりは、一般的にインプット、スループット、アウトプットの3つの流れに即して捉えられる。図8は、3つの流れそれぞれに対する4つの基準を示している。インプットの評価を能力評価、スループットの評価を情意評価および行動評価、アウトプットの評価を成果評価として4つの評価基準を設けることができると提案されている。

　目標管理制度（MBO）では、従業員が自分自身で目標を設定し、進捗や

実行を主体的に管理する。そのために、どのような目標を立てその進捗が
どの程度であるのか、実現していくしくみが必要である。MBO において
は、上司と部下は密にコミュニケーションをとりながら、組織の目標と個
人の目標のすり合わせを行い、その進捗を定期的に確認していく。上司と
部下の定期的な面談では、目標管理シートを用いて中間時点や期末時点な
ど、定期的に上司との面談を実施し、その達成度を評価していく。目標管
理シートには、上期、下期など一定期間における目標と評価を記入してい
く。目標、達成内容と方法、手段（具体的行動）、結果と、それに対する評
価を記入する。上司と部下の相互によるコミュニケーションが重視され、
従業員が主体的に目標を管理していくものであり、トップダウンで目標や
ノルマが課されるような管理とは本質的に異なる。

　正確な評価においては、手続き上の公平さである「手続き的公平さ」を
担保することが重要であり、工夫が求められる。直接の上司だけでなく、
同僚や部下、さらには取引先、顧客などの複数の評価者によって評価を行
う多面評価（360 度評価とも呼ばれる）は、工夫のひとつである。

　欧米では、これまでの仕事の成果を中心とした評定から、経済環境や
外部環境の変動に応じて仕事の中身もダイナミックに変動することか
ら、成果の評価基準もダイナミックに変化させる「動態的基準（Dynamic
criteria)」現象が指摘されている。このような背景を受けて、従来の担当
業務や役割、責任が固定化されていた職務よりの評価基準から、成果につ
ながる個人のコンピテンシー（Competency）を評価に組み入れる動きが出
てきた。コンピテンシーとは、「ある職務または状況に対し、基準に照ら

48　Cascio, W. F. (1995) Whither industrial and organizational psychology in a changing world of work? *American Psychologist*, 50 (11) , pp. 928-39.
49　Ilgen, D. R., & Hollenbeck, J. R. (1991) The structure of work: Job design and roles. In M. D. Dunnette & L. M. Hough (Eds.) , *Handbook of Industrial and Organizational Psychology* (*2nd ed.*) , 2, pp. 165-207. Palo Alto, CA: Consulting Psychologist Press.
50　高橋潔「人事評価を効果的に機能させるための心理学からの論点」『日本労働研究雑誌』617、2011 年、23-32 頁。

① 専門業務遂行度	⑤ 自己規律
自己の職務・役割で中核的な専門業務を遂行する程度	時間や生活態度を自己管理する程度
② 一般業務遂行度	⑥ チーム成果の促進
担当している仕事内容にかかわりなく、だれもが実行すべき業務を遂行する程度	チームメンバーの参加意欲を高めるとともに、職場仲間をサポートする程度
③ 文書・口頭コミュニケーション	⑦ 監督・リーダーシップ
口頭もしくは文書によって情報の伝達を効果的に行う程度	率先垂範し、仕事の手順を教え、職場仲間の仕事に影響を与える程度
④ 努 力	⑧ 管理・実務
悪条件や逆境にあっても仕事を完遂し、努力する程度	目標を設定し、危機管理をし、支出を抑え、部門の利害を代表し、部門全体の管理を行う程度

表7 コンピテンシーに基づく人事評価要素

出所：高橋潔「人事評価を効果的に機能させるための心理学からの論点」『日本労働研究雑誌』617、2011年、23-32頁をもとに作成。

して効果的、あるいは卓越した業績を生む原因としてかかわっている個人の根源的特性」と定義される。

米陸軍における人事制度革新のためのプロジェクトを分析した研究より、コンピテンシーをベースにした成果基準が抽出されている。軍の人事評価制度を民間に応用した8つの成果基準として、①専門業務遂行度、②一般業務遂行度、③文書・口頭コミュニケーション、④努力、⑤自己規律、⑥チーム成果の促進、⑦監督・リーダーシップ、⑧管理・実務が提案されている（表7）。

人事評価の質を高めるための工夫として、評価システムの構築がある。評価者のバイアスが介入しづらい評価を実施するために、評価基準の具体

---

51 奥林康司ほか、『入門人的資源管理（第2版）』中央経済社、2010年。

52 Campbell, J. P. (1999) The definition and measurement of performance in the new age. In D. R. Ilgen & E. D. Pulakos (Eds.), *The changing nature of performance.* San Francisco: Jossey-Bass. pp. 399-429.

53 Campbell, J. P., McCloy, R. A., Oppler, S. H., & Sager, C. E. (1993) A theory of performance. In N. Schmitt & W. C. Borman (Eds.), *Personnel selection in organizations.* San Francisco, Jossey-Bass. pp. 35-70.

化や、指示書や評価表をわかりやすくつくりこむことがなされる。また、評価の質を高めるためには評価者の質を高めることも重要である。そのために、評価者訓練が行われる。評価者がよく陥りやすいエラーやバイアスに関する知識を、をあらかじめ訓練により認識させ、注意を喚起することを目指す。一般的に、評価には6つのエラーが起こりやすいといわれている[54]。

- 期末誤差：過去の出来事を完全に覚えていないことを理由に、直近の出来事や事象に基づいた評価をしてしまうことによる誤差。
- ハロー効果：目立ちやすい他の特徴にひきずられて他の評価に対しても同じような評点をくだしてしまい、評価が歪められる。
- 論理誤差：評価項目の間に密接な関係を推測して評価の一貫性をもとめることによって、評価項目に対して適正な評価をくだせない。
- 対比誤差：評価者が自分の能力や価値観を基準に判断することによる誤差。
- 寛大化傾向：評価が一般に甘くなる傾向のこと。被評価者との対立を避けるためや、部下をひいきめに見るなど、実態よりも良い評価をしてしまう。
- 中心化傾向：リッカート尺度や順位尺度選択において、無難な中心の値（5段階評価の場合は3）を選ぶ傾向。可もなく不可もない評点を選ぼうと評価が中庸になる。

　人事評価によって、処遇が決定される。従業員は能力や働きぶりに応じて評価が下されるとともに、能力に応じて適材適所のポジションに処遇される。仕事の経験を積み、上位の資格に異動することを昇格、上位の職位・役職に移動することを昇進という。

---

54 大沢武志、芝祐順、二村英幸『人事アセスメントハンドブック』金子書房、2000年。

日本における人事制度は、1990年代以降、職能資格制度を基盤とした
ものから、職務等級や役割等級を基盤としたものに変わってきた。時代背
景とともに人事制度も変化してきている。組織において従業員と職務を
マッチングさせるためには、その従業員がどの程度の能力なのかを把握し
ておく必要がある。組織に多くの従業員がいる場合、全員の能力をあらか
じめグループにまとめて管理しておくことが必要であり、能力ごとにまと
めて序列付けを行う。従業員をその能力・職務・役割などによって区分・
序列化し、業務を遂行する際の権限や責任、処遇などの根拠とする制度を
等級制度あるいは社員格付け制度とよぶ。等級制度は、評価や報酬の精度
とともに、従業員にとっては業務遂行上の目標となりモチベーションを高
めることにもつながる。等級制度は、何を基準とするかによって大別され
る。大きく能力、職務、役割の3つの軸が存在する。従業員が持つ能力す
なわち職務遂行能力に応じて等級を定める制度を「職能資格制度」という。
これは、年齢や社歴に応じて決定される資格制度に対して、能力主義であ
る。職能資格制度は、1965年の日経連総会をきっかけに広く日本で導入
されるようになり日本特有の制度として発達してきた。近年では、職務遂
行能力と職務それ自体の両方を基準とする制度設計もみられる。職務等級
制度では、職務それ自体が等級の基準となる。職務を必要なスキル、責任、
難易度をもとに評価し、従業員の属性を基準とするものを資格制度、社内
にある職務の価値を基準とするものを職務等級制度という。ここで、資格
とは職業資格と企業内資格に大別される[55]。国家資格や自動車免許などの
公的な資格、あるいは、民間が定める資格制度に対して、昇進や昇格にお
いて用いられる専門用語としての資格は、企業内資格を指す[56]。

55　今野浩一郎・下田健人『資格の経済学』中央公論新社、1995年。
56　上林憲雄ほか『経験から学ぶ経営学入門』有斐閣、2007年。

6 賃金設計
——内的報酬と外的報酬をいかに与えるか

　働き方の多様化やライフスタイルの変化に伴い、従業員が仕事に対して
どのような価値、満足を求めるかなど仕事に対する価値観が変化してきて
いる。多くの人で業務をインターネット上のクラウドで分担するクラウド
ワーキングや、短時間だけ働き継続的な雇用関係を必要としないギグワー
クなど、新たな働き方の登場や新型コロナウイルスの影響によるリモート
ワークや副業の推進など、働き方の多様化はますます進んでいる。

　仕事をすることで得られる対価のことを報酬と呼ぶ。このとき、外から
与えられる報酬を外的報酬、仕事そのものを通じて内発的に生まれる報酬
を内的報酬とよぶ。外的報酬には、給与（金銭）や昇進、表彰のほか、仕
事そのものも含まれる。ハーツバーグの動機づけ・衛生理論（二要因理論）
における衛生要因は、この外的報酬に近いといえる。内的報酬は、やりが
いや達成感、自身の成長を感じる、充実感などが該当する。動機づけ・衛
生理論では、衛生要因を取り除くと不満を抑えることに寄与する一方で、
満足やモチベーション向上にはつながらない、衛生要因と動機づけ要因の
独立性が指摘されている。マネジメントにおいては、いかにモチベーショ
ンを引き出しながら、内的報酬、外的報酬を効果的に与えるかが肝要とな
る。また、近年では内的報酬と外的報酬に対して新たな指摘も生まれてい
る。エドワード・L・デシは、「アンダーマイニング効果」において、外
的報酬を与えることで内的報酬が阻害されることを指摘している。当該作
業や仕事そのものに対して満足ややりがいを感じていたものに、金銭など
の外的報酬が与えられることによって動機づけ要因に該当するような満足
が下がる可能性を指摘している。社会や地域への貢献を重視する社会起業
家や、NPO、NGO など非営利組織での活動など、金銭的報酬に依拠しな

い働き方に対する価値観を有する多様な従業員に対しては、柔軟にマネジメントを行うことが求められる。ワーク・ライフ・バランスに対する意識の高まりや、従来の日本において主流であった終身雇用制度の崩壊は、今後ますます報酬に対する価値観の多様化を促進することが考えられる。特に、食・食サービス産業においては、パートタイム・アルバイトによる非正規雇用者の多さや、定年退職後の高齢者による就業の例が少なくない。多様な属性や価値観に応じたマネジメントや制度設計が必要である。

賃金形態

　従業員に支払われる賃金は、どのような基準で決定されるのかを考えてみよう。例えば、外食産業でアルバイトをしようとするとき、多くの人は、求人情報を調べ、勤務地や勤務条件とともに、まず給与（時給）を確認するのではないだろうか。時給とは、時間あたりに支払われる賃金の額である。何時間仕事をするのか、その労働時間に応じて賃金が支払われる。このように、賃金の単位を表したものを賃金形態という。賃金形態には、何を根拠として賃金を算出するかによって次の形態がある。働いた時間に応じて支払われる定額賃金制と、仕事の成果に対して支払われる出来高賃金制の２種類である。

　定額賃金制には、時間単位によって、時給、週給、月給、１年を単位とする年俸がある。対して、出来高賃金制では、成果の単位は職種によって異なる。営業職などでは契約１件に対して、何か成果物を生み出す職種の場合には、その成果物の数に応じて計算され、出来高制などと呼ばれる。

賃金体系

　賃金体系とは、賃金の構成要素と基準を表す。図９は、賃金を構成する要素を示している。

　賃金体系は、まず現金給与と付加給付に大別される。付加給付は、企業

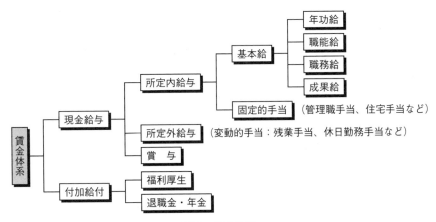

図9　賃金体系
出所：上林憲雄、厨子直之、森田雅也『経験から学ぶ人的資源管理』有斐閣ブックス、167頁、を
もとに作成。

が雇用者に対して負担する賃金以外に給付されるものを指す。福利厚生や、
住宅手当て、慶弔見舞金、労災付加給付や、企業での文化やスポーツなど
のクラブ活動に対する補助金などのほか、退職金・年金が含まれる。賃金
は雇用者が企業に提供する仕事の価値に対して支払われるものであるのに
対して、付加給付は雇用されている事実関係に基づく給付であるとされる。
付加給付の費用を賃金費用に含めるようになったのは、Davis Bacon Act
の改正（1964年）が起点である。付加給与が一般賃金として認識されるよ
うになったことは、賃金体系の管理において大きな変化であった。

　現金給与は、所定内給与、残業手当や休日勤務手当などの変動的手当か
らなる所定外給与、賞与からなる。所定労働時間の範囲に対する給与が所
定内給与であり、基本給と固定的手当から構成される。基本給は、給与の
中で大きな部分を占める。何を基準に基本給を設定するか、また、基本給
の見直しを行うかは企業によってさまざまであるが、成果や能力あるいは
年功に応じて定期的に見直しがなされ決定される。報酬管理においては、
この大部分を占める基本給をどのように設定するかが重要であり、従業員

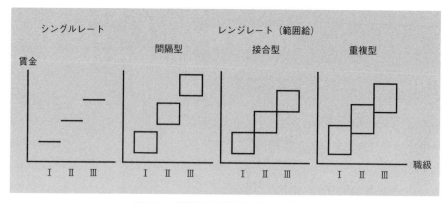

図 10　職級別の賃金額の設定の仕方

出所：正亀芳造作成。奥林康司、上林憲雄、平野光俊『入門　人的資源管理』中央経済社、2010年、154 頁をもとに作成。

の能力向上やスキル獲得への意欲にも影響する。

　過去終身雇用制度において多く採用されてきた年功給は、年齢や勤続年数に応じて決定される。ほか、職務を遂行する能力に応じた職能給、職務内容に基づく職務給、成果に応じて支給される成果給に大別される。近年は、多様な雇用形態が混在する組織や、定年退職後に高い職能を有する従業員が、非正規雇用として再雇用されるケースなどが増えており、能力の高低やスキルの多寡に応じて単純に設定することが難しい。雇用者のライフステージにおける雇用者の基本的な給与要求も考慮しながら、役職手当やその他手当を組み合わせてバランスよく賃金制度を設計することが望まれる。

　職務給や職能給の設定の方法は、1 つの職級に 1 つの賃金額を設定するシングルレート（single rate）と 1 つの階級に上下の幅のある賃金額を設定するレンジレート（range rate）（範囲給）の 2 種類に大きく分けられ、レンジレートには、範囲の重複に応じて、さらに細かく、間隔型、接合型、重複型の分類がある。[57] 職級と職務および年齢や勤続年数に応じて、賃金基

57　奥林康司、上林憲雄、平野光俊『入門　人的資源管理』中央経済社。

準が設定されていくが、この時、職務の種類によって、昇給しやすいあるいは若手が多い職場である、技能獲得に時間を要するなど、事情がさまざまである。例えば、ある国内和食レストランの例では、接客を担当する職務は、おもてなしや周囲に気づく、連携するといった元来その人に備わっている能力が仕事に直結する部分も多く、技能向上やスキル獲得にかかる時間が調理場の職務と比較して比較的短い。他方で、和食の調理場では、技能伝承や能力開発に一定の時間を要する。異なる職種が混在する職場あるいは企業においては、公平かつ従業員の意欲を引き出すような賃金設計をすることが望まれる。

　賃金制度の設計においては、内部公平性と外部競争性の基準が考慮される。内部公平性は、従業員間に賃金格差を付ける基準であり、従業員にその基準が許容されることが求められる。[57]加えて、市場競争性を鑑みた外部競争性においては、非正規雇用のアルバイト時給の設定の例がわかりやすい。市場においてどれくらい雇用需要があるのか、その地域性や、働き手の供給量に応じて、例えば同じ外食産業の店舗の時給であっても全国でその設定がさまざまであることは身近な例として目にしたことがあるだろう。求人情報を探しながら、自分が働くことができる圏内における時給の相場を把握し、同じような職種や業種の仕事であれば、時給の高低で応募先を決めた経験がある人も多いのではないだろうか。特に、労働人口が減少し、サービス産業や小売業への非正規雇用における就業希望者がますます少なくなっていく現代においては、労働力確保は喫緊の課題である。自動化やロボット導入を費用対効果のみならず、中長期後の労働力需要を考慮した意思決定がなされるケースも増えてきている。

7 労働時間と仕事の管理
——人とAI・ロボットが同じ時間従事した仕事の対価は同一か

　労働時間とは、その文字の通り従業員が労働した時間を示す。時間の長さに対して対価を得る賃金体系である時間給の場合は、労働に従事した時間数に応じて対価が支払われる。食サービス産業におけるアルバイトやパートに従事した経験のある人は、タイムカードで出退勤を報告した経験があるかもしれない。最近はオンライン申請が主流であるが、業務を開始する時点と終了する時点において業務管理システムにログイン、ログアウトすることで開始と終了時間を申請したり、業務日報で業務スケジュールや従事した時刻を報告したりする。しかしながら、われわれは単純に従事した時間だけでは労働の価値を評価することが難しい時代を迎えようとしている。昨今の労働人口減少や自動化、AI、ロボティクスの推進により、機械が得意な作業は人間以外に任せ、人ならではの、人が得意な仕事を人が担当する業務分担が求められるようになってきた。人と機械が相互に協力しながら協調して働くことが求められている。一般的には、機械が得意な単純作業や繰り返し作業は機械に任せて、人はより創造性のある仕事、クリエイティブな仕事や新しいものやサービスを生み出す仕事に従事することがより求められていくことが考えられる。これまでも、従業員の実労働時間ではなく、雇う側と雇われる側の労使間であらかじめ定めた一定の時間として扱う裁量労働制や、成果主義的な報酬制度など、単純に従事した労働時間以外の指標で対価を払う制度はあったが、人と機械が協調するこれからの時代には、今後ますます労働時間に対する評価の考え方が多様になっていく可能性がある。

労働時間制度

我が国の労働基準に対する指針や制度は、厚生労働省より示されている。安心、快適に働くことができる環境づくりを目指して、労働条件の確保・改善、労働者の安全と健康の確保、的確な労災補償の実施、仕事と生活の調和の実現が目指されている。

その基礎となる、労働基準法は、労働条件に関する最低基準を定めた法律であり、労働契約関係に関する最も基本的な法律である。労働基準法では、「この法律で定める労働条件の基準は最低のものであるから、労働関係の当事者は、この基準を理由として労働条件を低下させてはならないことはもとより、その向上を図るように努めなければならない」と定められている。労働基準法は、「労働基準法の一部を改正する法律」が第170回国会で成立し（平成20（2008）年12月12日交布）、改正労働基準法は、平成22（2010）年4月1日に施行された。この改正では、主に、時間外労働の削減に関して、限度時間を超える時間外労働の労使による削減、法定割賃金率の引き上げ、代替休暇制度の創設と、年次有給休暇の有効活用として、時間単位年休制度の創設が加えられた。

労働基準法は、第一章総則では、男女同一賃金の原則や、強制労働の禁止、労働条件の明示に加え、育児休業、介護休業等育児又は家族介護を行う労働者の福祉に関する法律に規定される育児休業や介護休業に関する規定が定められている。第三章賃金では、最低賃金法の定めにより賃金の最低基準に従うことが規定されている。第四章は、労働時間、休憩、休日及び年次有給休暇に関する規定である。労働時間の原則として、使用者は労働者に、休憩時間をのぞいて1週間につき40時間を超えて労働させてはならないこと。1週間の各日については、労働者に、休憩時間を除いて1日について8時間を超えて労働させてはならないことが規定されている。

労働時間に関する主な制度には、法定の労働時間・休憩・休日に関する

法定の労働時間・休憩・休日

使用者は、原則として、1日に8時間、1週間に40時間を超えて労働させてはいけません。
使用者は、労働時間が6時間を超える場合は45分以上、8時間を超える場合は1時間以上の休憩を与えなければいけません
使用者は、少なくとも毎週1日の休日か、4週間を通じて4日以上の休日を与えなければなりません

時間外労働協定（36協定）

労働者の過半数で組織する労働組合か労働者の過半数を代表する者との労使協定において、時間外・休日労働について定め、行政官庁に届け出た場合には、法定の労働時間を超える時間外労働、法定の休日における休日労働が認められます。この労使協定を「時間外労働協定」といいます。なお、時間外労働時間には限度が設けられています。

変形労働時間制

労使協定または就業規則等において定めることにより、一定期間を平均し、1週間当たりの労働時間が法定の労働時間を超えない範囲内において、特定の日又は週に法定労働時間を超えて労働させることができます。「変形労働時間制」には、（1）1ヶ月単位、（2）1年単位、（3）1週間単位のものがあります。

フレックスタイム制

就業規則等により制度を導入することを定めた上で、労使協定により、一定期間（1ヶ月以内）を平均し1週間当たりの労働時間が法定の労働時間を超えない範囲内において、その期間における総労働時間を定めた場合に、その範囲内で始業・終業時刻・労働者がそれぞれ自主的に決定することができる制度です。

みなし労働時間制

みなし労働時間制には、「事業場外みなし労働時間制」、「専門業務型裁量労働制」、「企画業務型裁量労働制」があります。
事業場外みなし労働時間制は、事業場外で労働する場合で労働時間の算定が困難な場合に、原則として所定労働時間労働したものとみなす制度です。

年次有給休暇

使用者は、労働者が（1）6ヶ月間継続勤務し、（2）その6ヶ月間の全労働日の8割以上を出勤した場合は、10日（継続または分割）の有給休暇を与えなければなりません。
6ヶ月の継続勤務以降は、継続勤務1年ごとに1日ずつ、継続勤務3年6ヶ月以降は2日ずつ増加した日数（最高20日）を与えなければなりません。

表8　労働時間・休日に関する主な制度
出所：厚生労働省「雇用・労働　労働時間・休日」をもとに作成。
https://www.mhlw.go.jp/stf/seisakunitsuite/bunya/koyou_roudou/roudoukijun/
roudouzikan/index.html

制度、時間外労働協定（36協定）、変形労働時間制、フレックスタイム制、みなし労働時間制、年次有給休暇に関する制度がある。時間外労働協定は、労働基準法第36条に定めがあることから一般に「36（サブロク）協定」とも呼ばれている（表8）。

　従業員がそれぞれの事情に応じた多様な働き方を選択する社会の実現に向けた働き方改革の推進を目的に、多様で柔軟な働き方を実現しようと平成31（2019）年4月の労働基準法の改正では、フレックスタイム制の見直しと、特定高度専門業務・成果型労働制（高度プロフェッショナル制度）の創設、勤務間インターバル制度の推進、労働時間の状況把握の義務化が行われた。特定高度専門業務・成果型労働制は、職務の範囲が明確で一定の年収（少なくとも1,000万円以上）を有する労働者が、高度の専門的知識を必要とする等の業務に従事する場合に、年間104日の休日を確実に取得させること等の健康確保措置を講じること、本人の同意や委員会の決議等を要件として、労働時間、休日、深夜の割増賃金等の規定を適用除外とするものである。健康確保措置として年間104日の休日確保措置を義務化することに加えて、インターバル措置、1月または3月の在社時間等の上限措置、2週間連続の休日確保措置、臨時の健康診断のいずれかの措置の実施を義務化（選択的措置）されている。裁量労働制度は、次の2種類の業務型を対象に導入された。専門業務型裁量労働制と企画業務型裁量労働制である。雇用者の勤務時間管理を使用者が適切に行うために、仕事の種類や特徴に応じた時間管理を雇用者自身が調整しやすいかなどを考慮して、仕事の自由度や裁量に応じた対象に限定した制度設計が行われている。情報通信機器などを用いたリモートワークやオンライン会議の積極活用も進んでおり、社会状況に応じてさまざまな職種を対象にどのような職場環境や制度設計を進めていくか、首都圏に人口が集中することに対する地方活性や、通勤事情改善、育児・介護といった家庭状況などを考慮した社会システム全体にも関わる大きな変革が求められている。

8 仕事における生産性と付加価値
——サービス生産と同時性・無形性・異質性・消滅性

　生産性は、投入した労働量に対してその投入からどれくらいの付加価値を生み出せるかによって規定される。単調な作業や繰り返し作業、単純作業の場合は生産性を把握することは比較的容易である。ここで、生産管理研究における生産性を把握する歴史をみてみよう。テイラー（F.W. Taylor）は科学的管理法の父と呼ばれ、生産の場の問題点を科学的に解析し、最小のロス時間、労力、資材で効率的に生産するという概念を普及させた。科学的手法を生産現場に持ち込んだというのがポイントである。産業革命において、大量生産が工場で行われるようになり、多くの作業員が働くようになると、作業が早い人も遅い人も、丁寧で品質が高い人もそうでない人も現れる。これらを管理するために、ストップウォッチによる時間測定を行い、ひとつひとつの作業に対して、「標準作業時間」と「標準作業量」を設定していく。標準的な作業が定義されることと仕様書や作業書の標準化によって、仕事の流れが標準化され、組織的な管理が可能となる。これにより標準作業に対して、その作業者の良し悪しが評価できるようになるので、金銭的な刺激（能力給）が評価できるようになり、生産性やモチベーションが向上することにもつながっていった。評価ができるようになると、作業員の適材適所の配置も可能となった。

　作業研究（work study）は、作業の方法と時間についての基本的分析手法であり、作業に関する問題の発見・解明と改善策を得るために実施される。大きく方法研究と作業測定に分類できる。方法研究は、現在と将来の仕事のやり方について、系統的に記録・分析・検討を行い、作業が容易で生産性の高い方法を見つけ出し、その方法を実施する活動である。大きくは、工程系、作業系、管理系に分類していく。動作研究では、作業者の動

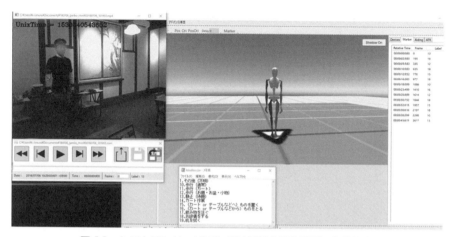

図 11　レストランサービスにおける基本動作計測と作業推定
参考：新村猛、大隈隆史「労働集約型サービス産業における屋内測位技術の適用」電子情報通信学会パター
ン認識・メディア理解研究会、179-83 頁（2018 年 3 月）
大隈隆史、新村猛「労働集約型サービス現場改善を支援する行動計測・分析技術」電子情報通信学会パター
ン認識・メディア理解研究会、pp.185-8 頁（2018 年 3 月）

作を細かく分析し、不必要な動作を削除して、最も経済的・合理的な動作
の順序や組合せを発見するすることを目指す。サーブリッグ分析などが用
いられる。作業測定では、適正と一定の熟練度を持つ作業者が、所定の仕
事を遂行するのに要する時間（標準時間）を決める。作業時間の中に含ま
れる無駄時間の原因と程度を明らかにし、それらを除去する処置もとられ
る。直接測定法と間接測定法があり、ストップウォッチを用いて作業を計
測するストップ・ウォッチ法は直接測定法のひとつである。現在でも工場
やサービス産業の現場などで用いられている。通常 10 進法分単位のもの
を用いる。時間計測の方法によって、継続観測法（観測中ストップウォッチ
を止めずに各作業の開始時刻を記入）や、反復観測法（作業要素の観測を終えるご
とにリセット）がある。

　新村らは、サービスは、基本的な動作の組み合わせであるとして、作業
に共通する基本動作を計測し作業種類の推定を可能とする研究を進めてい
る（図 11）。作業場所、発話内容、注文の種類などの情報と組み合わせる

ことで作業種類の推定が可能となる。例えば、レストランサービス現場に
おいては、調理担当の「物を運ぶ」仕事と、接客担当の「料理を運ぶ」仕
事を「歩く」作業として分類する。接客係の「配膳」仕事と、調理係「皿
を洗う」仕事は、「立って活発な作業」として分類するなどそれぞれの仕
事を作業時の身体の使い方や移動の基本的特徴に応じて分類し定義するこ
とで、機械的な推定を目指す。

サービスエネルギー生産性と付加価値

　生産性は、創出される価値を分子として、投入労働量で除した値で算出
することができる。この投入労働量を、機械やロボット、自動化による労
働など広く捉えて投入したエネルギー量として捉えると、投入した人を含
む広義のエネルギー量に対して創出される付加価値の量として、生産性を
定義することができる。これをサービスエネルギー生産性として式にした
ものを次式に示す。

$$\textit{Service Energy Efficiency} = \frac{\textit{(Value Out)}}{\textit{(Energy In)}}$$

　エネルギー生産性を単位エネルギーあたりの生産量を最大化するサービ
ス価値最大化問題と定義することで、エネルギー消費の観点からサービス
生産性を議論することが可能となる。[58]
　サービスエネルギー生産性は、次の３つのアプローチによって向上させ
ることができる。

　ⅰ　生産効率を上げて分母の投入エネルギー量を減らす
　ⅱ　同じ投入エネルギー量で創出される付加価値を高める

58 Nonaka, T. Shimmura, T., Fujii, N., Mizuyama, H.: Energy Consumption in Food Service Business.
A Conceptual Model of Energy Management Considering Service Properties, *Innovative Production
Management Towards Sustainable Growth Part II*, Edited by S. Umeda, M. Nakano, H. Mizuyama, H.
Hibino, D. Kiritsis, G.v. Cieminski, Springer, Boston, pp. 605-11, 2015.

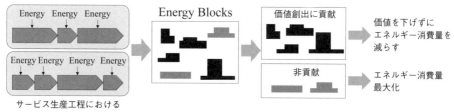

図12　サービスエネルギー生産性向上のためのアプローチ

出所：Nonaka, T. Shimmura, T., Fujii, N., Mizuyama, H.: Energy Consumption in Food Service Business: A Conceptual Model of Energy Management Considering Service Properties, Innovative Production Management Towards Sustainable Growth Part II, Edited by S. Umeda, M. Nakano, H. Mizuyama, H. Hibino, D. Kiritsis, G.v. Cieminski, Springer, Boston, pp.605-611, 2015. をもとに作成。

ⅲ　生産効率を高める以外の方法で分母のエネルギー投入量を減らす

　図12は、ⅰとⅱの方法を用いて分母の投入エネルギー量を削減するサービスエネルギー生産性向上アプローチを示したものである。[58]まず、サービス生産工程においてその投入エネルギーは価値創出に直接貢献しているかどうかでエネルギー消費量を分類できると仮定し、エネルギー消費量をモデル化する。例えば、小売業では、顧客のいない空間や店舗を営業していない場所・時間帯での照明や空調に起因するエネルギー消費は、顧客への提供価値には直接的に寄与していない。他方で、流通や保管において食品を冷却するための冷蔵に伴うエネルギー消費は、温度調整により商品の品質が変化するため価値創出に寄与するエネルギーとして分類できる。価値に貢献するエネルギーは、価値を下げずにエネルギー消費量を削減する取り組みが必要である。価値に寄与しないエネルギーは、エネルギー消費量を最小化する取り組みが必要である。これらのアプローチは、総エネルギー消費量を削減する、あるいは、ある工程で一度に大量のエネルギーを消費するエネルギー消費ピーク量を減らすような工程改善や見直を行うことで、生産性の改善を図ることが可能である。

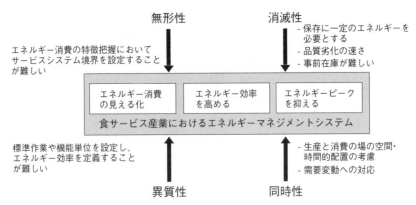

図13　食サービス産業におけるエネルギーマネジメントシステムの概要

出所：Nonaka, T. Shimmura, T., Fujii, N., Mizuyama, H.: Energy Consumption in Food Service Business: A Conceptual Model of Energy Management Considering Service Properties, Innovative Production Management Towards Sustainable Growth Part II, Edited by S. Umeda, M. Nakano, H. Mizuyama, H. Hibino, D. Kiritsis, G.v. Cieminski, Springer, Boston, pp.605-611, 2015. をもとに作成。

サービス生産における特徴

　次に、外食産業をはじめとするサービス産業におけるエネルギー消費の特徴について考察する。ここでは、サービスの特性である「同時性」、「無形性」、「異質性」、「消滅性」などに起因する影響を考慮する。図13に食サービス産業におけるエネルギーマネジメントシステムの概要を示す。エネルギーマネジメントにおいては、まず、最初のステップとしてエネルギー消費の見える化と特徴の把握が必要である。エネルギーマネジメントでは、消費総量を抑える省エネルギー化と、ある時刻あたりのエネルギー消費量を高めないようにピークを抑えるピークマネジメントを行う。エネルギー効率の向上とエネルギーピークの管理にはいくつかのアプローチが必要である。エネルギー効率の改善は、機能単位当たりのエネルギー消費量削減やその際に算出される付加価値を高めることで実現できる。そのためには、合理化の推進や消費する投入エネルギーの削減が必要である。他方で、エネルギーピーク管理では、効率性だけでなく、複数の設備や人によって行われる当該現場における仕事全体を考慮しながら、需要ピーク時のエネル

ギー消費量を全体としてどのように運用し管理していくか、例えばピークシフトや標準化、仕事のスケジュールを考える必要がある。

　無形性（Intangibility）：食サービス産業では、外食産業を事例に、料理とそれに関連するサービスが提供される。基本的に提供されるサービスは無形性を伴うが、料理や食材そのものは、有形財とみなすことができる。Bebkoは、ファストフードの小売業は、調理・配送サービスとともに提供される有形の食品に起因する差別化された商品とサービスカテゴリーに当てはまることを報告している。エネルギー消費量を正確に把握し評価するためには、そのサービスシステムの境界を定義する必要があるが、この無形性は、サービスシステムの評価のための境界線を設定することを困難にすることに影響する可能性がある。

　異質性（Heterogeneity）：サービス提供プロセスでは、一般的にサービスを恒常的に均質に生産・提供することは困難である。レストランサービスの厨房は、労働集約的であり、多くの手作業による価値創造プロセスが存在している。エネルギー生産性は、エネルギー消費量と創出される付加価値で評価されるが、サービスの異質性により、機能単位を標準化することが難しいため、生産性を定義することを困難にする可能性がある。

　消滅性（Perishability）：食品の保存期間は、製造業などの一般材と比べると非常に短い。近年は保存技術や流通技術の発達により、その期間は増加傾向にあるが、食品の品質が急速に劣化するケースは数多く存在する。

59 Bebko, C. P.: Service Intangibility and Its Impact on Consumer Expectations of Service Quality, The Journal of Service Marketing, Vol.14, No.1, pp. 9-26, 2000.

60 Shimmura, T., Takenaka, T., Ohura, S.: Improving Labor Productivity and Labor Elasticity at Multi-product Japanese Cuisine Restaurant Introducing Cell-Production System, Advances in Production Management Systems. Sustainable Production and Service Supply Chains, IFIP Advances in Information and Communication Technology, Vol. 415, pp. 11-17, 2013.

付加価値の高い状態で食・食サービスを提供することが必要であり、新鮮なうちに、あるいは熟成された時点などの付加価値が高いある時点においてサービスを提供することが必要である。例えば外食産業においては、温かい料理は温かいうちに、冷たい料理は冷たいうちに提供することが望まれるため、保存には一定のエネルギーが必要である。加えて、食を扱う場合は、在庫の保管が難しい。需要予測に基づくバッチ生産による限定的な調理オペレーションや仕入れの工夫において、消滅性が影響する可能性が考えられる。

　同時性（Simultaneity）：食サービスにおける同時性は、空間的にも時間的にも消費場所に応じて定義する必要がある。セントラルキッチンシステムの導入、バッチ生産、外食や中食、宅配などの食サービス形態、生産リードタイムなどを考慮する必要がある。

　外食産業や食サービス産業においては、一日の中での需要変動の大きさや季節変動の影響は無視できない。例えば、昼間と夜間に営業する飲食業では、昼食と夕食の時間帯に需要が集中し、アイドルタイムと呼ばれる昼と夜の間の時間帯は閑散時間となる。また、年間のスパンでみると、季節のイベントや行事によって、需要が大きく影響される。そのため、需要予測が大変難しく、POS（Point of sales、販売時点管理）や予約管理システムなどの蓄積している過去データを用いた分析や情報システム導入により、シフト計画や購買管理、仕入れを効果的に行えるよう工夫がされている。非正規雇用者を需要に応じて時間単位で雇用することにより、需給調整を行う労働力需給調整機能を用いたシフト管理では、より柔軟な調整が可能となる。調理現場の例では、従来の技能の専門化からひとりの従業員が担当できる職務を複数化する多能工化を推進し、アイドルタイムの閑散時間に少人数で複数職務を対応できるシフト計画を導入した成功例がある。昼夜

の繁忙時間には、従来の専門職者が自身の持ち場を担当するライン生産的な調理設備配置と人員配置を実施し、閑散時間には、調理場の一部分に併設された少人数で複数種類の調理が可能なエリアを用いて、セル生産的な調理設備配置と人員配置を実施する。これら両方の生産システムを需要の多寡、すなわち時間帯によって使い分けることによって、労働投入量を調整し、生産性を向上できる需要変動に柔軟に適応する食サービス生産システムの構築に成功している[61][62]。

9 多様な働き方
──社会が変わると働き方が変わるのか？働き方が社会を変えるのか？

　日本企業の独特な組織的特質を表す言葉に、日本的経営がある。アメリカの経営学者アベグレンは、「日本の経営」において、欧米の経営とは大きく異なる特徴がある、その特徴は、終身雇用制、年功賃金制、企業別労働組合にあると主張した。昨今の働き方の多様化により、これら特徴である終身雇用制や年功賃金制からの移行が進んでいる。終身雇用制は、学校を卒業してから一つの企業に就職して、その企業で定年まで雇用され続ける雇用制度である。かつては大企業の正社員を中心に一般的であった。これは日本企業の特徴として指摘されたが、欧米でも大企業を中心に、長期勤続を誘導することで、従業員の企業内訓練により企業や業界特有の技能形成やスキルの向上、従業員の企業忠誠心を高めることを目的に導入している国や産業もある。年功賃金制は、年齢や勤続年数、学歴で、給与や昇進昇格を決める制度である。年齢や勤続年数の増加とともに増加するよう

61 T. Shimmura, K. Arai, S. Oura, N. Fujii, T. Nonaka, T. Takenaka, and T. Tanizaki: Multiproduct Traditional Japanese Cuisine Restaurant Improves Labor Productivity by Changing Cooking Processes According to Service Product Characteristic, *International Journal of Automation Technology*, Vol. 12, No. 4 (2018).

62 新村 猛・藤井 信忠・竹中 毅・大浦 秀一・野中 朋美「担当組み換えによる日本料理レストランの労働時間短縮に関する研究」『日本経営工学会誌』Vol. 67 No. 4, 303-13 頁, 2016 年。

な賃金体系をいう。

1990年代のバブル経済崩壊以降、国際競争の激化、産業構造変化、経費変動の振幅拡大や長期化等を背景に、失業率が上昇した。リーマンショック以降に日本において起こった働き方の変化として、非正規雇用、派遣・請負労働者の増加があげられる。派遣労働は、派遣スタッフ、派遣先（就業先）、派遣会社の三者から構成され、派遣スタッフは派遣先で仕事に従事する。雇用契約は派遣会社と結ばれ、派遣会社は派遣先との契約条件の交渉や、派遣スタッフに対する定期的な面談等のフォローを行う。業務請負では、発注者は注文先企業と業務の請負に関する契約を結び、請負企業は、従業員の労働やサービスを注文先の企業に提供する。

ワークライフバランス

ワークライフバランスは、仕事と生活の調和の概念であり、アメリカで一般化した仕事と家庭の両立に配慮する「ファミリー・フレンドリー」概念を一層発展した。働き方改革が進む中で、日本でも多くの企業が推進している。近年では、仕事と生活に対する価値観の多様化を受け、ライフワークバランスと呼ばれることもある。日本では、1985年に男女雇用機会均等法（雇用の分野における男女の均等な機会及び待遇の確保等に関する法律）」が制定された。男女を平等に捉え、募集・採用から退職まで、労働機会の均等の取り扱いを定める法律である。制定当初の法律は、多くが努力目標で、罰則規定はなく、これにより女性が同様の労働内容を持つ総合職としての採用が進んだ。その後の1999年改正均等法施行では、禁止項目が増加し、より実効性をもたせる改正が行われた。採用段階からの女性区別をさせないことや、ウェイター・ウェイトレスなどの特定表現が禁止されることとなった。その後、2006年6月に男女雇用機会均等法改正案が可決され、性差による違いを差別の理由としてはならないこと、転勤有無による間接的な差別をしてはならないこと、セクハラに対する義務を企業が負うこと

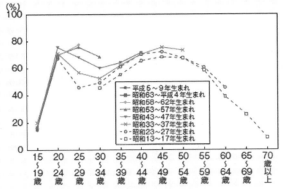

図14　女性の年齢階級別労働力率の世代による特徴
出所：http://www.gender.go.jp/about_danjo/whitepaper/h25/zentai/html/honpen/b1_
s00_02.html より転載。

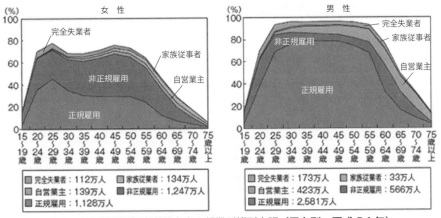

図15　年齢階級別労働力率の就業形態別内訳（男女別、平成24年）
出所：http://www.gender.go.jp/about_danjo/whitepaper/h25/zentai/html/honpen/b1_
s00_02.html より転載。

が規定された。しかしながら諸外国と比較すると、ダイバーシティの推進
における女性活用は日本ではまだまだ進んでいない状況である。図14、
15は、女性の年齢階級別労働力率の世代別データを示している。折れ線
グラフの外形がMの字に似ていることから、M字カーブと呼ばれる。20
代から30代にかけて、労働力率が下がっているのは、結婚や出産のライ
フステージによる影響が大きいとされている。近年の働き方改革では、労
働人口の大幅な減少に対して、この女性活用とともに、外国人労働者やア

クティブシニアの活用の積極化が推進されている。ただし、このM字カーブは、世界的には日本と韓国のみの特徴であり、北欧や欧米では女性の管理職登用も少なくない。待機児童や介護の問題など、複合的な課題解決が求められている。

平成24年の女性の就業形態別データを見ると、男性に比べて若年層でも非正規雇用が多いことに加え、多くの女性が結婚・出産期にさしかかる25歳以降で、正規雇用が減少して非正規雇用が増加する傾向が見られる。リモートワークや在宅勤務の推進は、一時的には家での仕事環境を整えることに対する難しさも指摘されているが、中長期的にみると多様な就業形態や働き方を推し進めていくことが予想される。

ダイバーシティ・マネジメント

ジェンダーのみに限らず、多様な人が多様な価値観でそれぞれに望む働き方が実現できるよう環境面での整備が求められる。ダイバーシティ・マネジメントとは、多様性を高め、尊重し、活用することにより企業業績を高めることにつながるとされている。多様なバックグラウンドや属性を有する従業員の貢献を最大限高めるための環境を作り出すために、既存の組織文化や制度、システムを変革することが求められる。多様性においては、人種、性別、宗教、出身国、年齢、障害など法律で雇用差別が禁止されている要素だけでなく、個々人や集団間で違いを生み出すあらゆる要素を考慮する。これらを推し進めるために、国も制度や支援を行なっており、推進する初期の活動としては、厚生労働省による、優れた企業に対して「トータル・クオリティ」の称号を付与するファミリー・フレンドリー企業部門の厚生労働大臣表彰などがあげられる。

新たな働き方

価値観の多様化による働き方の多様化に加えて、新型コロナウイルス対

策による働き方への影響は企業にも個人に対しても大きな影響を与えている。物理的に人が移動することが世界規模でこれほどまでに強い制約としてかかったことはかつてなく、しかも長期間にわたってその状況が続いていることにより、コロナ以前でも既に進んでいた ICT を活用したオンライン会議やリモートワークは世界的に拍車をかけて推進された。日本においては、擦り合わせが得意な国民性や制度変革が進みにくい諸事情から業務のオンライン化や事務作業の外部委託が諸外国に比べて進みにくかったが、2020 年以降大きく社会のしくみが変わってきている。多くの職種においてリモートワーク推進が試行され、当初難しいとされていた事務作業や秘匿性の高い仕事に対しても、リモートワークや外部委託が進んでいる。クラウドワーキングでは、インターネットのクラウド上にワーカー（仕事に従事する人）が集まり、企業や個人から委託された業務をクラウド上で請負い納品する。ワーカーは、場所と時間に制約されずに仕事をすることができる。発注者側は、うまく業務を分割して発注することで専門性の高いワーカーに高効率かつ高付加価値で仕事を発注することが可能となる。インターネットのクラウド上でサービスが展開されるため、当初は Web 制作やデザイン系の業務などネット作業に親和性の高い業界に導入が進んでいたが、秘匿性の高い情報をうまく分割して管理する技術やしくみの発達により、事務作業やより専門性の高い仕事にも裾野が広がっている。クラウドワーキングは、シニア層やライフステージにおいて育児や介護を抱える層などがワークライフバランスを保って働くことの一助になることも多く、発注者と受注者側双方にメリットも大きいことから、今後ますます増えていくことが予想されている。

　クラウドソーシングでは、仕事を依頼したい企業や人が受注したい個人を仲介する。クラウドソーシングサイト（プラットフォーム）を介する雇用関係によらない働き方は、個人が独立した事業主として働くことや、副業として仕事を請ける就労形態として増加している。従来からこういった働

き方は、芸術家やライター、プロのスポーツ選手などにこ存在していたが、近年 ICT の発展により多様な分野に普及し、フリーランスあるいはギグワーキングと呼ばれる単発の委託・請負労働が拡大してきている。[63] フリーランスとは、『特定の企業・団体、組織に専従しない独立した形態で、自身の専門知識やスキルを提供して対価を得る人』と定義される（フリーランス協会）。ギグワークでは、単発や短期で交わされる 1 回 1 回の契約に基づき仕事を行われる。ギグワーカー（gig worker）は、インターネット上のプラットフォームを介して、仲介業者から単発でプラットフォーム上に集まる仕事を請け負う。特にアメリカでは、ギグワークを介する労働市場が拡大し、これらプラットフォーム上で展開される経済活動はギグエコノミー（gig economy）と呼ばれる。産業構造の変化や今後の経済見込みから、企業は副業を従業員に推進し、かつて終身雇用制が見直されてきたときのように企業の流動性を高める動きを加速している。加えて、AI やロボティクス、自動化の推進により、人と機械がいかに協調して働くかを考えるうえでも、働き方の多様化は進むことが予想される。個人の働く価値観の多様化と合わせて、今後ますます多様な働き方を支える環境の整備と技術進化、多様な価値観を持つ人が働きやすい社会の推進が求められる。

10 リーダーシップ
——さまざまなリーダーシップスタイル

　良いチームをつくるためには、優秀なメンバーを集め、それらメンバーを育て、メンバーの能力を最大限に発揮させることが求められる。山本五十六（**写真1**）名言の、『やつてみせ、言って聞かせて、させてみせ、ほめてやらねば、人は動かじ』はそれをよく表している。

63　柴田弘捷「「働き方改革」とフリーランス的働き方の変容」『専修人間科学論集 社会学篇』Vol. 10 No. 2、43-64 頁、2020 年。

リーダーシップとマネジメント

　リーダーとは、他人への影響力を持ち、マネジメント権限のある人物であり、リーダーシップは、リーダーが集団の先頭に立ち、集団の目標の達成に影響を与えるプロセスである。本来全てのマネジャーがリーダーでなければならない。初期のリーダーシップ理論に、

写真1　山本五十六
出所：Wikipedia Commons

リーダーシップの特性理論がある。リーダーにだけに見られる性格を分析する理論であり、Stogdill は、128 の研究を分析し、能力、素養、責任感、参加態度、地位の5項目を、三隅は身体的要因、能力要因、性格要因の3項目をあげている。ただし、その後の研究において、明確な相関は確認されず、測定技術の未熟さ・状況によるリーダーシップの変化が指摘され、具体的な特性だけでは、有能なリーダーを判断できないことやリーダーとメンバーの状況や関係が非考慮であることが指摘された。その後、1940年代後半から50年代半ばでは、リーダーとして望ましい行動スタイルに主眼が置かれるようになった。リーダーシップの行動理論では、有能なリーダーだけに見られる行動を分析された。アイオワ大学のリーダーシップ行動研究では、専制型、民主型、放任型の3つのリーダーシップスタイルが示され、専制型リーダーシップは、部下や集団は消極的であり受動的であると捉える。リーダーは、権限を掌握し、作業手順を指示して一方的に判断し、従業員の参加を制限する。従業員は意思決定を制限されている状況である。未熟な組織や早期のマネジメント段階に向くとされる一方で、従業員の敵意や攻撃性を助長する可能性がある。民主型リーダーシップは、

64　スティーブン P. ロビンス、高木晴夫 監訳『マネジメント入門』ダイヤモンド社、2014 年。

65　Stogdill, R. M.（1948）Personal Factor Associated with Leadership: a Survay of the Literature, *The Journal of Psychology*, Vol. 25, pp. 35-71.

66　三隅二不二『グループ・ダイナミックス（情報科学講座）』共立出版、1976 年、97-111 頁。

従業員も意思決定に加える。権限を委譲して、作業手順の判断にも従業員の参加を勧める。作業の量と質ともに優秀になりやすく、一般的な組織においてもっとも望ましい体系であるとされている。放任型リーダーシップでは、部下や集団に上司は直接的に関与せず、意思決定と職務手法の判断を完全に従業員に任せる。組織の能率が低下しやすく、統一性を持った組織運営が難しいとされる。[64] アイオワ大学のリーダーシップ研究では、少年クラブを対象として、民主型リーダーシップおよび専制型リーダーシップよりも放任型リーダーシップの成果が例外なく低いことや、作業品質とグループの満足度は、民主型リーダーシップが高いことを示している。また、専制型リーダーシップと民主型リーダーシップの比較研究により、成果の良否はさまざまであり、従業員の満足度指標は、おおむね専制型より民主型が高いことを指摘している。オハイオ州立大学の研究チームは、1940年代後半においてリーダー行動の特徴的項目を明らかにし、構造づくり行動と配慮行動の2つに大別した。構造づくり行動では、目標達成に向けた組織の構造やしくみをいかにつくっていくか、リーダー自身の役割や従業員の職務を規定し、具体的に職務内容を決めようとしているかの行動を対象としている。配慮行動では、リーダーが組織において従業員との関係性づくりに寄与する行動に着目し、お互いの信頼関係や従業員の自主性や思考を尊重するなどの良好な仕事上の関係をどれだけ築こうとしているかについての行動に着目している。構造づくり行動と配慮行動の関係では、いずれもが強いリーダーの方が、いずれかが弱い、あるいは両方が弱いリーダーに比べて、従業員の職務成果や満足度が高いケースが多いことを指摘している。ただし例外も多く、状況の要件も理論に加えるべきであることがその後の研究で明らかになっている。[64] その他の初期のリーダーシップ理論には、リーダーシップ行動の従業員志向と生産志向に着目するミシガン大学の研究や、「生産業務への関心」と「人への関心」の視点からリーダー行動を評価し、無関心型、仕事中心型、中道型、人間中心型、理想型の代

表的な 5 つに類型するマネジリアル・グリッドなどがある[64]。

　初期のリーダーシップ理論に続いて、事情や状況といった前提に対して、最適なリーダーシップスタイルを導き出す条件適応理論が研究されるようになる。アメリカの心理学者であるフレッド・フィドラーは、条件適応理論を初めて提唱し、グループの業績は、リーダーシップスタイルとリーダーの統率力、影響力の状況との組み合わせが適切かどうかに左右されると考えるリーダーシップ理論を提案した[64]。その後、フォロワーの準備（readiness）性の度合いに注目した状況対応型リーダーシップ理論（Situational Leadership Theory）研究が進んだ[64]。リーダーの意思決定への参画に対しては、ヴィクター・ヴルームとフィリップ・イェットンによるリーダー参加型[67]モデルや、リーダーの職務は、フォロワーの目標達成を支援することだと考えるパス・ゴール理論などがある。パスゴール理論は、ロバート・ハウス（R.House）が 1971 年に提唱したリーダーシップ条件適応理論の 1 つであり、リーダーシップの本質は、メンバーが目標を達成するために、リーダーはどのようなパス（道筋）を通れば良いのかを示すことであるという考えに基づいている。フォロワーに期待する内容を伝え、作業スケジュールなどの職務達成方法を具体的に指示する「指示型リーダー」、フォロワーに対して友好的に接する「支援型リーダー」、複数のフォロワーと相談ながら、彼らの提案を生かした決断をする「参加型リーダー」、達成が容易ではない目標を設定し、フォロワーが全力を尽くすことを期待する「達成志向型リーダー」に分類している。パスゴール・モデルでは、環境状況と従業員状況の 2 変数によって、リーダー行動と成果の関係が変化することを指摘しており、職務構造や権限体系などの環境状況と、フォロワーの個人的な特性としての従業員状況の両面を管理することが重要であることを指摘した[64]。その後、リーダーシップ研究では、リーダー・メンバー交換理

67　Vroom, V. H., Yetton, P.W.（1973）*Leadership and Decision-Making*, University of Pittsburgh Pre.

論（Leader-Member Exchange Theory）（LMX 理論）などの研究や、リーダーを、取引型リーダー、変革型リーダー、カリスマ型リーダー、ビジョナリーリーダーなどに類型する研究などが進んでいる。[64]

11　動機づけ・モチベーション管理
——多様性のインクルージョン（包摂）と動機づけ要因を刺激するために

　動機づけとは、語源はラテン語の movere（モベレ）である。組織行動学における動機づけは、その気にさせ、持続させ、あるいは特定の方向に向かわせる心理的なプロセスとされている。動機づけ研究は、動因理論（欲求理論）と過程理論に大別される。動因理論（欲求理論）は、何が人を動機づけているかを解明しようとする欲求理論であり、充足されていない欲求を満足させようとして、人間は行動を起こすことに着目する。代表的な理論に、マズローの欲求段階説、アルダーファーの ERG 理論、マクルーランドの達成理論、ハーツバーグの動機づけ・衛生理論などがある。過程理論は、どのようなプロセスで人は動機づけられているかに焦点を合わせる理論で、代表的な理論に、ブルームの期待理論やポーターとローラーの統合理論がある。

動機づけ理論研究

　初期の動機づけ理論は、古代から中世期の哲学者に遡る。人間は本質的に合理的な生き物であり、自分の欲しいものを手に入れたいとして行動する（アリストテレス、プラトー、デカルト）とされた。人間の行動を説明するのに、人間の「意思」が中心であり、意思という漠然とした概念では複雑な人間の行動を説明することが難しい。とくに、将来の行動を予測できないことが特徴としてあげられる。その後、身体的苦痛と満足に着目し、人間は苦痛を避け、快楽を求める（18-19 世紀のギリシャ哲学）快楽主義や、本

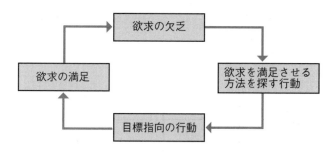

図16　欲求と行動の関係
出所：冨岡昭『組織と人間の行動（第3版）』白桃書房、1999年、106頁をもとに作成。

能が行動の源泉であるとする本能理論が研究される。ダーヴィンは、人間の知的本能は遺伝したものであると主張した。本能は後天的に学ぶものでもなく、因果律での行動でもなく生まれた時から持っている（ウイリアム・ジェームス）。攻撃本能と性本能が人間の基本的動因（フロイド）であることが提唱された。数千にもおよぶ膨大な本能リストを用いた本能理論研究が進むと、本能は遺伝ではなく、学習した結果であることが行動科学者や文化人類学者による臨床的研究によって明らかになる。本能とは、ごく限られた人間の行動であり、それらも本能というよりも反射神経のためであることが主張され、本能理論は衰退していく。本能理論の衰退以後出てきたのが欲求理論である。

　動因理論（欲求説）では、欲求の欠乏を感じると、その欲求を満足させようとして人は行動を起こすとされる。欲求の欠乏が、欲求を満足させる方法を探索する行動につながり、目標志向の行動を引き起こす。目標志向の行動を行うことにより欲求が満足し、欲求の欠乏が一部満たされるサイクルを提案している（図16）。

　デイビッド・マクレランドによる3つの欲求理論では、3つの後天的欲求が仕事の主な原動力となることを提唱している。達成欲求（Need for Achievement）と、権力欲求（Need for Power）、親和欲求（Need for Affiliation）

Maslow の分類	Alderfer の分類
生理的欲求	生存の欲求
安全欲求（物的）	(Existence)
安全欲求（対人的）	人間関係の欲求
所属と愛の欲求	(Relatedness)
自尊欲求（対人的）	
自尊欲求（自己確認的）	成長の欲求
自己実現欲求	(Growth)

表 9　Maslow と Alderfer の欲求分類の対比

出所：開本浩矢『組織行動論』中央経済社、2019 年を参考に作成。(C.Alderfer "Existence,
Relatedness, and Growth: Human Needs in organizational Settings", New York:
Free Press, 1972, p.25)。

動機づけ要因 （motivator）	達成、成長、承認、仕事そのもの、責任、昇進など
衛生要因 （hygiene factors）	会社の方針と管理、監督、対人関係、労働条件、労働環境、給与、 個人生活、保障など

表 10　ハーツバーグ動機づけ要因と衛生要因の分類

出所：筆者作成。

の 3 つの欲求が示されている。達成欲求の数多くの研究において、達成欲求の高い人は、成長の象徴や報酬よりも個人的な達成感を強く求める。問題解決策の発見に責任を負う仕事を好むことや、個人的な責任、フィードバック、適度なリスクがある状況に従業員を置くことで、従業員の達成欲求を刺激するように訓練できることが研究されてきた。[68]

　マズローの欲求段階説（Need Hierarchy Theory）は、実験心理学者のマズロー（A.H.Maslow）によって提唱された。人間の行動のすべてを説明する普遍的な動機づけ理論を研究している。人間には 5 つの基本的な欲求があり、それらが縦に並んでいる（ゴールドステインの定理）から演繹的に導き出された理論である。人間を行動に駆り立てるモチベーション要因は、満たされていない欲求のうち喚起されて活動状態にある欲求である。欲求は

68　スティーブン P. ロビンス、高木晴夫 監訳『マネジメント入門』ダイヤモンド社、2014 年。

満たされると、再び休止状態に戻る階層的な欲求構造を示した。基本的には、自己実現の欲求、承認の欲求、社会的欲求からなる高次の欲求は、内的要因で満たされ、安全の欲求、生理的欲求からなる低次の欲求は主に外的要因で満たされるとされている。ダグラス・マクレガーが提唱した人間の本質に関する理論に、マクレガーのX理論とY理論がある。X理論では、人間の否定的な側面に注目し、従業員は仕事が嫌いで怠け者で、責任を避けたがるため仕事を強要しなければならないという考え方を前提におく。Y理論は、人間の肯定的な側面に注目し、従業員は創造的で、仕事を楽しみ、責任を求め、自ら方向を決定するという考え方である。[68]アルダーファーのERG理論では、マズローの5つの欲求区分があいまいであることを指摘し、分類を再構成し簡略化している。さらに、「欲求の逆行・移動」および複数の欲求が同時喚起される可能性が認められた（表9）。

　ハーツバーグの動機づけ・衛生理論（二要因理論）（表10）では、エンジニアと経理部員の生活事情に関する調査から、人間のモチベーションを、苦痛を避けようとする動物的な欲求（衛生要因）と、心理的に成長しようとする人間的な欲求（動機づけ要因）に分類した。この研究は、以後、多様な母集団を用いて、多くの研究者によって調査されている。動機づけ・衛生理論の特徴として、動機づけ要因と衛生要因は相互に独立であること。満足の対極は、不満足ではなく満足なし（没満足）であり、不満足の対極は不満足なし（没不満足）であることがあげられる。

　衡平理論（Equity Theory）（J・ステーシー・アダムスが提唱）とは、従業員は、自分の入力と出力の比を他人の入力と出力の比と比較して、不公平性を正そうとする理論である。公平性を評価するために比較する対象（他人やシステム、自分自身）に対する公平性を比較する。分配的公正では、従業員個人間に見られる報酬の額と配分の公平性に着目する。他方で、手続き的公正では、報酬の分配を決定するプロセスに見られる公平性に着目する。従来は、分配的公正により重きが置かれていた。ただしその後の研究で、分

配的公正は、手続き的公正よりも従業員の満足度に影響するのに対し、手続き的公正は組織への責任、上司への信頼感、退職意思などに影響を及ぼすことがわかっている。[68]

ヴィクター・ヴルームの期待理論は、人は行動によって結果が得られるという期待、およびその結果に感じる魅力に基づいて、一定の方法で行動する傾向があることを指摘した。個人にとっての見返りである報酬に注目し、組織が提供する報酬は、個人の希望に一致する必要があると考える理論である。[68]

管理システムと欲求段階説

伝統的管理システムが行われていた社会背景を考える。伝統的管理システムでは、伝統的な命令と統制による管理が行われ、従業員は上司から与えられた目標を達成するために努力することを前提としていた。たとえば、目標達成により、経済的報酬を得ることによって衣食住の必要物を購入し、生理的欲求が満たされる。このとき、従業員は所属する組織において上司の目標を達成し続ける限り、安心して職場に留まることができる。休暇や保険、退職金などの恩恵に預かることで、安全欲求を満たすことができる。その後、マクレガーが提唱する自主的管理システムでは、従業員が自身で目標を立てる。上司は命令し統制することに加えて、従業員に自主管理の機会を提供する。従業員は、自主管理の過程で自己実現欲求を充足し、貢献努力を引き出していく。従業員は、生理的欲求や安全欲求に対する不満を持たなくなっていく社会情勢のなかで、この自主的管理システムによる各種人間関係施策により社会的欲求が満たされる。すると次は、自我欲求や自己実現欲求が中心的となっていく。組織の中での職務の遂行と達成を通じて、自己の能力を十分に生かしたい欲求や、上司・同僚・部下から承認され尊敬されたい欲求が強まっていく。現代のマネジメントにおいても、自我欲求や自己実現欲求をいかに満たし働きがいを持って従業員のモチベーションを引き出すかを主眼とした取り組みが多い。さらに昨今

では、自己実現を何によって達成したいか、あるいは、自我欲求そのものが多様であるため、それぞれの従業員の特性や嗜好の多様性に応じたマネジメントの重要性がますます高まっている。

現代のモチベーションマネジメント

　効率を向上させる合理化のためではなく、人員を効率的に活用するために仕事の充実化を図るべきであるとして、動機づけ要因をうまく操作することで、モチベーション向上を促す体系的な試みを仕事の充実化と呼ぶ。仕事の拡大は、仕事そのものを構造的に広げるにすぎないのに対し、仕事の充実化は社員に精神的成長の機会を提供する。組織マネジメントにおいては、垂直的職務負荷の拡大により動機づけ要因を促進する。水平的職務負荷の拡大によって、慣れ親しんだ仕事において、成長機会を与える[68]。ただし、水平的職務負荷の拡大では、個人が貢献できるチャンスを奪ってしまうことが生じうる。たとえば、1日に1000個調理していた惣菜調理を、1300個に挑戦させることや、定型的な事務作業に、もうひとつ定型的な事務作業を加えることは水平的職務負荷の拡大の例である。

　目標設定理論は、明確な目標は成果の向上につながり、難しい目標はそれに納得できると、簡単な目標よりも高い成果を生み出すという理論である。従業員の目標設定への関与を促す。従業員自身が目標設定のプロセスに参画する参加型の目標設定により、優れたパフォーマンスを引き出す場合もあることが指摘されている。従業員が難しい課題に直面し進捗やパフォーマンスに影響している場面では、目標達成への進捗状況についてのフィードバックを行う。このフィードバックが得られることにより成果向上することが指摘され、従業員自身が自分の進捗状況を監視する自然発生のフィードバックは、他人からのフィードバックよりも強力な動機づけ要因につながる可能性が期待されている[68]。現代のモチベーションマネジメントでは、自己効力感に対する対応も重要視されている。自己効力感とは、

223

自分には任務を達成する能力が信じている状態であり、効力感が高いと遂行している任務を達成する自信が強くなることや、困難を克服するために一生懸命努力することが示されている。また、否定的なフィードバックを受けると、さらに努力してモチベーションを高めようとする。他方で、自己効力感が低い場合には、努力を怠る傾向などが指摘されている[68]。

12 従業員満足
──顧客満足からサービス・プロフィット・チェーンへ

　サービス産業における顧客満足度の重要性は古くから知られ[69]、1960年代には主に病院や銀行を対象に顧客が不満を感じる大きな要因のひとつである待ち時間を減少する研究など顧客満足とサービス品質に着目した研究が多く行われてきた[70][71][72][73][74]。顧客満足とサービス品質は密接に関係しており[75][76]、企業は効率化を進めながらもサービス品質を維持あるいは向上さ

69　Bearden, W.O. and Teel, J.E., Selected Determinants of Consumer Satisfaction and Complaint Reports, *J. Mark. Res.*, Vol. 20, No. 1, pp. 21-8 (1983).

70　Luo, W., Liveratore, M.J., Nydick, R.L., Chung, Q.B. and Sloane, E. Impact of Process Change on Customer Perception of Waiting Time: A Field Study, *Int. J. Manage. Sci. Omega*, Vol. 32, No. 1, pp. 77-83 (2004).

71　森川克己、高橋勝彦、広谷大助「外来患者の平均待ち時間を考慮した診察順序決定」『日本経営工学会論文誌』2013年、Vol. 64 No. 2, 119-27 頁。

72　嶋田敏、多比良恵、原辰徳、新井民夫「サービス受給中の期待形成を考慮した待ち時間に関する顧客満足度の解析」『日本経営工学会論文誌』2013年、Vol. 64 No. 3、386-98 頁。

73　Shimmura, T., Kaihara, T., Fujii, N. and Takenaka, T. : "Improving Customer's Subjetive Waiting Time Introducing Digital Signage", *Advances in Production Management Systems, Competitive Manufacturing for Innovative Products and Services*, Springer-Verlag, Vol. 398, pp. 385-391 (2013).

74　Nonaka, T., Igarashi, M. and Mizuyama, H. : "Customer Satisfaction Model for Effective Fast Fashion Store Service", *Advances in Production Management Systems, Innovative and Knowledge-Based Production Management in a Global-Local World*, Springer-Verlag, Vol. 439, pp. 587-594 (2014).

75　Taylor, S.A. and Baker, T.L. : "An Assessment of the Relationship between Service Quality and Customer Satisfaction in the Formation of Consumers' Purchase Intentions", *J. Retailing*, Vol. 70, No. 2, pp. 163-178 (1994).

76　Sureshchandar, G.S., Rajendran, C. and Anantharaman, R.N. : "The Relationship between Service Quality and Customer Satisfaction - A Factor Specific Approach", *J. Serv. Mark.*, Vol. 16, No. 4, pp. 363-379 (2002).

せ顧客満足度を高めることが求められる。生産と消費が同時に行われる同時性を有するサービス産業では、従業員と顧客との距離が比較的近い。Schlesinger らは、従業員満足の増加は、従業員のパフォーマンスを向上させ、より良いサービス提供につながることによって顧客満足度を高める「サイクル・オブ・サクセス（cycle of success）」モデルを提案している[77]。Heskett らが提唱する「サービス・プロフィット・チェーン」[78]では、従業員と顧客の関係を「サティスファクション・ミラー（satisfaction mirror）」と表し、相互に影響し合うとしている。

　従業員満足に関する事例研究では、サービス産業を対象とした研究が多い。従業員満足度とサービス品質の関係を評価した研究は多く、銀行や[79][80]、ホテル[81]などを対象に、従業員の職務満足度が顧客の知覚サービス品質にポジティブな影響を与えることが示されている。サービス産業の中でも特に、従業員が顧客に直接接してサービスを提供する店舗サービスにおいては、従業員の振る舞いや態度が顧客に直接伝わりやすいと考えられる。特に外食産業は、属人的な作業や手作業が数多く存在するため、従業員の[82]状態がサービス品質により強く影響する可能性がある。

　食サービス産業を対象にした研究をみてみよう。Bernhardt らはファストフード店を対象に、従業員満足と顧客満足との間に正の相関があること

77 Schlesinger, L. A. and Heskett, J. L. : "Breaking the Cycle of Failure in Services", *Sloan Manage. Rev.*, Vol. 32, No. 3, pp. 17-28 (1991).

78 Heskett, J.L., Jones, T.O., Loveman, G.W., Sasser Jr., W.E. and Schlesinger, L.A. : "Putting the Service-Profit Chain to Work", *Harv. Bus. Rev.*, Vol. 72, pp. 164-174 (1994).

79 Reynierse, J. and Harker, J. : "Employees and Customer Perceptions of Service in Bank: Teller and Customer Service Representative Ratings", *Hum. Resour. Plann.*, Vol. 15, No. 4, pp. 31-46 (1992).

80 Yoon, M.H., Beatty, S.E. and Suh, J. : "The Effect of Work Climate on Critical Employee and Customer Outcomes: An Employee-level Analysis", *Int. J. Serv. Ind. Manage.*, Vol. 12, No. 5, pp. 500-521 (2001).

81 Hartline, M.D. and Ferrell, O.C. : "The Management of Customer-contact Service Employees: An Empirical Investigation", *J. Mark.*, Vol. 60, No. 4, pp. 52-70 (1996).

82 新村猛・赤松幹之・竹中毅・大浦秀一「調理行動分析と顧客の注文情報を用いたレストランでのプロセス改善に関する研究」『日本経営工学会論文誌』Vol. 62 No. 1、2011 年、11-20 頁。

を示した。Koys は、複数年にわたって従業員と顧客にアンケート調査を実施し、重回帰分析により1年目の従業員満足度が翌年の顧客満足度にポジティブな影響を与えることを示している[84]。また、Gazzoli らは、474 のレストランを対象に、従業員と顧客を対象にアンケートを実施し、共分散構造分析により、従業員のエンパワメントと職務満足が顧客のサービス知覚品質に影響を与えることを示した[85]。野中らは、レストラン従業員を対象にアンケート調査を実施し、仕事に対する気持ちやモチベーションを従業員属性ごとに相関分析で評価し、従業員満足を表す設問とそれ以外の設問間の相関結果が、雇用形態や年齢、職種によって異なることを示した。また、職種ごとの違いに着目し共分散構造分析による従業員満足度モデルを提案している[86]。

レストランサービスにおける職種と従業員満足[87]

　レストラン店舗で働く従業員を担当作業別に分類すると、調理を担当する調理場スタッフ、接客やお客様への料理提供、レジ業務を担当するフロアスタッフ、および配膳・洗い場スタッフに大別できる。本節では、これら担当作業の違いを職種と定義する。また、配膳とは、調理場とフロアの間で、調理設備ごとに個別に出来上がる料理をお客様ごとに整理し、セッ

83 Bernhardt, K. L., Donthu, N. and Kennett, P.A. : "A Longitudinal Analysis of Satisfaction and Profitability", *J. Bus. Res.*, Vol. 47, No. 2, pp. 161-167 (2000).

84 Koys, D. J. : "The Effects of Employee Satisfaction, Organizational Citizenship Behavior, and Turnover on Organizational Effectiveness: A Unit-level Longitudinal Study", *Pers. Psychol.*, Vol. 54, No. 1, pp. 101-14 (2001).

85 Gazzoli, G., Hancer, M. and Park, Y. : "The Role and Effect of Job Satisfaction and Empowerment on Customers' Perception of Service Quality a Study in the Restaurant", *Ind. J. Hosp. Tourism Res.*, Vol. 34, No. 1, pp. 56-77 (2010)

86 Nonaka, T., Kaihara, T., Fujii, N., Yu, F., Shimmura, T., Hisano, Y. and Asakawa, T. : "Employee Satisfaction Analysis in Food Service Industry –Resultant of Questionnaire to the Restaurant Staff", Proc. of the 2nd International Conference on Serviceology (ICServ2014), pp. 9-15 (USB) (2014).

87 野中朋美、藤井信忠、新村猛、高橋俊文、貝原俊也「顧客満足度を考慮した従業員満足度モデル」『日本経営工学会論文誌』67 巻 1 号、59-69 頁、2016 年。

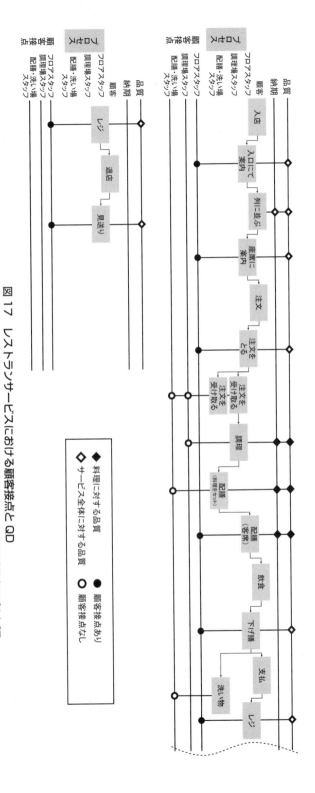

図17 レストランサービスにおける顧客接点とQD

出所：野中朋美，藤井信忠，新村猛，高橋俊文，貝原俊也「顧客満足度を考慮した従業員満足度モデル」『日本経営工学会論文誌』67巻1号，p. 59-69，2016年，をもとに作成。

227

トメニューなどを組み上げる役割とする。では、レストランサービスにおける職種における顧客接点を分析してみよう。ここでは、レストランにおいて提供されるサービスとは、提供される料理のみならず、顧客が入店してから案内、注文、配膳、会計までの一連の流れにおける接客や、料理に付随する食器具や店内環境（装飾や清掃）など幅広く捉えることができる。本稿では、その中で従業員が直接提供するサービスを対象に分析を進める。

　レストランにおけるサービス生産プロセスを QCD（Quality：品質、Cost：コスト、Delivery：納期）手法を用いて記述し、価値連鎖を図示する（図17）。一般に、QCD は、プロセスに対してコスト、品質、納期の関連を紐づけて表現するが[88]、本図では Q および D に、顧客接点の視点を加えて記述する。これにより、QD それぞれに強く関係するアクティビティと各職種における顧客接点を可視化する。この分析により、動機づけ・衛生理論における承認欲求と顧客接点との関係や、仕事に対する裁量や自由度に影響する職務のプロセスの特徴を分析することが可能となる。

　本研究では、従業員アンケートを実施しその結果を相関分析した[87]。相関分析の結果を踏まえ従業員満足仮説モデルを構築し、その仮説モデルを共分散構造分析によって検証している。従業員アンケートにおける産業や店舗の特徴を考慮した設問群と、相関分析において職種ごとに結果が異なった設問群を用いて共分散構造分析を行った。共分散構造分析では、「従業員満足」および「顧客満足へのつながり」を潜在変数として導入し、各設問を観測変数とする。モデルの当てはまりのよさを調べながら、図18に仮説として示した従業員満足度モデル構造に対して設定する設問を検証し、モデルを推定した。結果、得られた各職種の従業員満足度モデルを図19（調理場スタッフ）、図20（フロアスタッフ）、図21（配膳・洗い場スタッフ）に示す。本図では、小さな円が誤差変数を、四角が観測変数を、楕円が潜在変数を示す。

88　中野冠、湊宣明『経営工学のためのシステムズアプローチ』講談社、59 頁、2012 年。

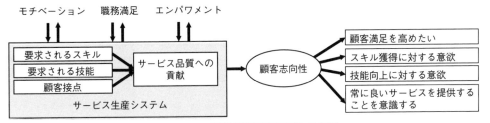

図18　従業員満足度モデルの仮説

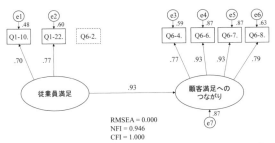

図19　従業員満足度モデル（調理場スタッフ）

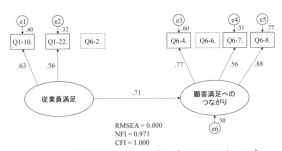

図20　従業員満足度モデル（フロアスタッフ）

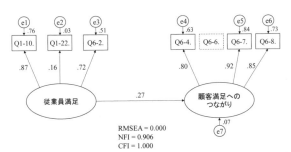

図21　従業員満足度モデル（配膳・洗い場スタッフ）

出所：すべて、野中朋美、藤井信忠、新村猛、髙橋俊文、貝原俊也「顧客満足度を考慮した従業員満足度モデル」『日本経営工学会論文誌』67巻1号、p. 59-69、2016年、をもとに作成。

潜在変数との因子負荷量	調理場	フロア	配膳・洗い場
「従業員満足」と 「仕事への愛着・好きな仕事 (Q1-10)」	高	高	高
「従業員満足」と 「職種の顧客満足との関係 (Q1-22)」	高	中	低
「従業員満足」と 「仕事がおもしろい (Q6-2)」	-	-	高
「顧客満足へのつながり」と 「顧客満足向上意欲 (Q6-4)」	高	高	高
「顧客満足へのつながり」と 「仕事の質向上・技能向上への意欲 (Q6-6)」	高	-	-
「顧客満足へのつながり」と 「スキル増加・ステップアップへの意欲 (Q6-7)」	高	中	高
「顧客満足へのつながり」と 「サービス品質意識 (Q6-8)」	高	高	高

(因子負荷量 f) 低：$0 < f < 0.3$, 中：$0.3 <= f < 0.6$, 高：$0.6 <= f < 1$

表11　従業員満足度モデルまとめ

出所：野中朋美、藤井信忠、新村猛、高橋俊文、貝原俊也「顧客満足度を考慮した従業員満足度モデル」『日本経営工学会論文誌』67 巻 1 号、p. 59-69、2016 年、をもとに作成。

　共分散構造分析の結果、職種によって従業員満足度構造の内部モデルの違いを明らかにし、次の知見を得た（表11）。

- 「従業員満足」と仕事への愛着・好きな仕事はレストランサービスの3つの職種全職種に共通してつながりが強い。
- 「顧客満足へのつながり」と顧客満足向上意欲およびサービス品質意識は、全職種に共通してつながりが強い。
- 「従業員満足」と職種の顧客満足との関係、および、「顧客満足へのつながり」と技能向上やスキル増加への意欲の関係は、職種によって異なる。各職種での担当作業における顧客接点の違いや、有する技能と提供品質の関係に対する意識の違いによる影響が大きいと考えられる。

　レストランサービス店舗を対象とした研究において、担当する職務の違いによって従業員満足の内部構造は異なることが示された。業態や従業員の属性や、働き方の多様化、価値観の多様化を考慮すると、従業員満足度をより詳細に分析し、教育や人事制度をはじめとした制度設計、職場のしくみに生かすことが求められる。

サービスの特性と従業員満足

　労働集約型である食サービス産業では、従業員満足（ES）がサービス提供品質に与える影響はより大きいと予想される。レストランサービスにおいてはセントラルキッチンや事前調理によるクックチル方式が導入されている場合も多いが、基本的には顧客から注文を受けてから調理を行う受注型生産である。サービスの同時性や消滅性ゆえに、従業員は需要変動に対して適応的に対処することが求められており、事前の準備や段取り作業を効率的に行うことが重要である。本節では、従業員アンケートを実施し、飲食サービスにおける従業員満足について事前の準備や需要変動に対する対応の影響を分析することを目的とした研究を紹介する。本研究では、需要変動への備えや対応に関する意識や理解と従業員満足の関係を従業員アンケート結果を用いて相関分析により分析した。

　国内の和食レストランチェーン 6 店舗で働く従業員を対象にアンケート調査を実施し、合計 128 名から回答を得た。本レストランチェーンでは、主な職種として調理 26%、接客 50%、出来上がった料理の配膳や洗い物担当 18% がある。雇用形態は正社員が 23%、パート・アルバイトが 76%であり、性別は男性が 31%、女性が 68% である。年齢層は若年層から高年齢まで幅広く分布している。

アンケート設計

設問は、次に示す 7 つのカテゴリで構成される。(Q1) 仕事や職場に対する気持ち、(Q2) 提供品質と効率性、(Q3) 上長、(Q4) 職場の決まりごとや戦略への理解、(Q5) 研修・教育、(Q6) 意識・モチベーション、(Q7) 多能工への興味。形式は、6 段階のリッカート尺度を用いた選択式、および自由記述式の合計 54 問である。従業員満足を評価する尺度は、エンパワメント、職務満足および知覚サービス品質の 3 分類に、レストラン店舗の特徴を考慮した固有の設問として、「料理提供品質」、「料理提供スピード」および「顧客反応・満足度」を設定した。本アンケート設計では、本分析において着目する需要変動への対応に関連する設問を設定した。事前の指示や計画および需要変動に応じた対応に関して、職場環境に対する満足度を問う設問である。

- ［上長］的確な作業場所変更指示 (Q3-1)
- ［上長］事前の指示 (Q3-2)
- ［上長］計画性をもった職場の予定 (Q3-3)
- ［上長］稼働に合わせて能力バランスを考慮したシフト (Q3-5)

次に、需要変動への対応に関連する設問と、従業員満足を表す設問間の相関分析を行った。P 値 0.05 未満および 0.01 未満を有意水準とした。 従業員満足を表す設問「仕事がおもしろい (Q6-2)」、「顧客満足向上意欲 (Q6-4)」、および「サービス品質意識 (Q6-8)」と上記に示した 4 設問間における相関係数を表 12 から表 14 に示す。需要変動への対応や需要予測に対する意識や理解、裁量や職場環境の違いによる差異を分析するために、「自己裁量・自己判断 (Q1-17)」、「十分な情報伝達 (Q1-23)」、「出品数予測に対する理解 (Q4-4)」、「立場や担当作業を超えた助け合いに対する理解 (Q4-5)」

	Overall	Q1-17 positive	Q1-23 positive	Q4-4 positive	Q4-5 positive
N	128	90	68	63	97
Q3-1	0.318**	0.283**	0.096	0.288**	0.325**
Q3-2	0.346**	0.186*	0.232**	0.187*	0.253**
Q3-3	0.398**	0.362**	0.175*	0.392**	0.358**
Q3-5	0.331**	0.284**	0.136	0.262**	0.297**

*P<0.05, **P<0.01

表 12　設問 6-2 との相関分析結果

	Overall	Q1-17 positive	Q1-23 positive	Q4-4 positive	Q4-5 positive
N	128	90	68	63	97
Q3-1	0.263**	0.117	0.210*	0.393**	0.304**
Q3-2	0.195*	0.073	0.172	0.213*	0.248**
Q3-3	0.279**	0.174*	0.151	0.423**	0.333**
Q3-5	0.274**	0.142	0.211*	0.372**	0.316**

*P<0.05, **P<0.01

表 13　設問 6-4 との相関分析結果

	Overall	Q1-17 positive	Q1-23 positive	Q4-4 positive	Q4-5 positive
N	128	90	68	63	97
Q3-1	0.378**	0.308**	0.290**	0.409**	0.347**
Q3-2	0.290**	0.232**	0.189*	0.266**	0.283**
Q3-3	0.342**	0.274**	0.277**	0.413**	0.356**
Q3-5	0.393**	0.291**	0.327**	0.444**	0.368**

*P<0.05, **P<0.01

表 14　設問 6-8 との相関分析結果
出所：表 12 〜 14 はいずれも筆者作成。

の設問に対する回答がポジティブな回答者群と回答者全体の結果を各列に比較する。ここでは、回答がリッカート尺度における 1. 非常にそう思う、2. そう思う、3. どちらかといえばそう思う、のいずれかであった回答をポジティブとした。

「仕事がおもしろい（Q6-2）」と各設問間では、全般的に弱い相関が確認された（表12）。ただし、「十分な情報伝達（Q1-23）」にポジティブな回答者群における Q3-1、Q3-5 にはほとんど相関がみられなかった。これは、本設問の十分な情報伝達という語句が回答者に与える印象が、必ずしも需要予測や現場のリアルタイムな状況のみを表すのではなく、職場における情報伝達全般を表していることが予想される。また、「［上長］計画性をもった職場の予定（Q3-3）」に対する相関は、Q1-23 ポジティブ群を除き、弱い相関の中でも 0.4 に近い高い数値であった。本設問に対する満足が高いほど、従業員は自身の作業における事前準備の計画も立てやすいと考えられる。事前準備に影響する職場環境（計画性をもった職場の予定）と職務満足間に中程度に近い弱い相関が示唆された。

次に「顧客満足向上意欲（Q6-4）」との相関（表13）では、「出品数予測に対する理解（Q4-4）」および「立場や担当作業を超えた助け合いに対する理解（Q4-5）」にポジティブな回答者群の相関係数が回答者全体の値よりも高く、弱い相関の中でも比較的高い値や一部では中程度の相関が確認された。特に、Q4-4 ポジティブ群における Q3-1、Q3-3 および Q3-5 の相関係数が回答者全体よりも高い。Q4-4 が表す出品数予測は需要予測そのものであり、現場ではその予測に基づいてシフト計画や事前準備が行われている。それらの効率性や準備の良否によって、提供時間やサービス品質が影響を受けるため、本設問に対してポジティブな回答者は、需要に合わせた計画や事前準備の重要性に対する理解度も高いことが予想される。出品数予測に対する理解が高い従業員において、需要変動への対応に対する満足と顧客満足向上に対する意欲に回答者全体よりも高い中程度の相関が示唆された。

「サービス品質意識（Q6-8）」との相関係数（表14）では、全般的に弱から中程度の相関があり、特にQ4-4にポジティブな回答者群において、Q6-4における結果と同様にQ3-1、Q3-3およびQ3-5の相関係数が回答者全体よりも高かった。出品数予測に対する理解が高い従業員において、需要変動への対応に関する設問間とサービス品質意識に中程度の相関が示された。

　本研究では、レストランサービスを対象に需要変動への対応に関する意識や理解と従業員満足の関係についてアンケート結果を用いた相関分析により考察した。食サービス産業は、需要変動が激しくその対応やマネジメントの重要性が指摘されるが、従業員満足との関係においても、関連する需要予測などの生産管理に対する教育や、それらを解決するための方策への理解が重要であるといえる。

人と機械が協調する働き方における従業員満足

　食サービス産業においては、労働人口の減少や労働集約的な作業の多さから、産業全体の生産性向上が喫緊の課題として指摘され、サービス工学研究の推進や産官学それぞれにおいて研究開発や制度設計が進められてきた。近年の、自動化やAI、ロボティクス導入推進は、食サービス産業のみならずサービス産業、さらには、全産業における傾向であり、新型コロナウイルスへの対応としてますますその要求は強まっている。これらの技術開発が進んだ世界においては、人の仕事が機械に奪われるなどの懸念が指摘されることもあるが、これまで人類と産業発展の歴史とともにさまざまな仕事が登場してきたように、仕事のあり方や種類は変わっても、人が従事する仕事がなくなることはなく、新しい仕事が登場するであろう。このとき求められるのは、人ならではの特性を生かした、人が得意な仕事すなわち、従事することによって付加価値が生まれる仕事を見出すことと、働く人自身が、自身の価値観とライフスタイルの中でどのような働き方を望むかを考えたうえで自身のキャリアや能力を開発していくことだと考え

る。画像認識や繰り返し作業の効率化、長期連続従事など、機械が得意とする作業は現時点でも多く指摘されている。ただし、その得意領域は今後の研究開発によっても変化発展していくものである。どのような方向性でその技術を革新していきたいかは人による意思決定によるものであり、それによって未来は変わっていく。技術に対する投資の方向性や制度設計のありようなど、働く環境や未来社会をデザインするのはわれわれ自身である。人と機械が協調しながら、どのような働き方をわれわれ自身が望むのか。新型コロナウイルスによる社会や働き方の大きな変化は、この問いを考えるのに大きな示唆と可能性を示しているといえるだろう。

13 ストレスマネジメント
——職務と従業員の性格の特徴や特性を把握する

　皆さんもこれまでの日常生活でストレスを感じた経験は少なからずあるのではないだろうか。現代社会は、多くの人がストレスを有するストレス社会であると呼ばれ、仕事上のストレスのみならず小・中学生を対象にした心理的ストレスの分析や学校ストレッサーの評価研究[89]も進んでいる。[90]あらゆる世代にとって、ストレスといかにうまく付き合うかは重要な問題であるといえる。ストレスモデルは、病理学・医学的ストレスモデルと心理学的ストレスモデルに大別される。H. Selye は、生体機能において有害刺激から身を守る機能を明らかにし外部環境からの刺激や精神的緊張を受けたときに、生体に一定の適応的な反応が起こることを発見した。ストレスは、何かの刺激が与えられたときに生体に生じる歪みのことをいい、それを誘引するストレスの原因となる刺激をストレッサーとよぶ。

89　長根光男「学校生活における児童の心理的ストレスの分析」『教育心理学研究』39 巻 2 号、182-5 頁、1991 年。
90　岡安孝弘、嶋田洋徳、丹羽洋子、森俊夫、矢冨直美「中学生の学校ストレッサーの評価とストレス反応との関係」『心理学研究』63 巻 5 号、310-8 頁、1992-1993 年。

　ストレッサーを取り除く人的資源管理におけるアプローチを考える前に、どうしたらストレスを軽減できるのか、あるいはストレスをうまく自分自身でコントロールすることはできるのかについて考えてみよう。慢性的なストレスは、過度な自律神経のストレスをもたらし交感神経と副交感神経のバランスを崩すことが明らかになってきている。ストレスを感じると神経系に影響する。このとき、交感神経と副交感神経が分類される自律神経は人間が意識的にコントロールできるものではなく、無意識に反応する神経である。そのため、ストレスを感じにくくしようと自分自身を律したり意識的に作用を働かせようとすることは難しい。よって、いかにストレスを誘引するストレッサーをなくすことができるか、人的資源管理の観点では職場環境におけるストレッサーを事前に取り除くアプローチが求められる。

　職場環境における組織のストレッサーは、主に、職務上の要求、役割上の要求、人間関係上の要求、組織構造、組織内のリーダーシップの5項目に区分して説明されている[91]。職場の組織内で特定の役割を課せられたことによるストレスの原因は役割上の要求（Role Demands）とされ、両立が難しい仕事上の期待や、矛盾する役割、あるいは両立し得ない役割期待に悩む「役割葛藤」もストレッサーとなる。ほかに、役割や与えられる仕事の量がパフォーマスを超える「役割超過」や、与えられた役割期待が曖昧ではっきりと理解できないことや、何をすべきかわからなってしまう「役割の曖昧性」がストレスの原因として分類される[91]。

　ストレスマネジメントにおいては、役割上の要求が明確に組織から与えられ、それを従業員がきちんと理解するための組織内での円滑なコミュニケーションや、目標管理制度、評価制度の充実が求められる。近年進められている在宅勤務では、物理的に同じ場所に従業員同士が集まらない環境下で、情報ネットワークを介してコミュニケーションや連携を行う場合が多い。このとき、同じ場所に勤務していた際には暗黙的に行われていた他

---

91 スティーブンP.ロビンス、高木晴夫 監訳『マネジメント入門』ダイヤモンド社、2014年。

者や他部署の忙しさや仕事の進み具合などの状況把握を、周囲の様子から伺うことができにくくなる場合がある。役割超過に気付きやすい環境設計や業務配分の工夫、役割の曖昧性が起きにくくなるような可視化やコミュニケーション促進などがますます求められるだろう。

職務上の要求とストレスマネジメント

職場環境におけるストレッサーの5つの項目に挙げられたうちの職務上[91]の要求について食サービスの事例で考えてみよう。職務上の要求は、どのような仕事を担当するのか、仕事の内容や労働環境に応じて規定されるため、職種や働き方によって多様であることが考えられる。食サービスでは、サービスの無形性に加えて有形財である食材や食器などの付随する財を扱う。従業員が提供する付加価値は、目に見えない無形物としてのサービスと、食材に付加価値を与えて変換して調理加工する有形物の組み合わせである。調理場ではビジネス形態によっては労働集約的な作業が多く存在するため、従業員の状態は生産性やサービス品質に影響しやすいと考えられる。一方、接客担当の場合は、顧客と直接対面で接するため人同士のコミュニケーションにおいて従業員の体調や状態はサービス品質に影響する場合があるだろう。ここで病院で働く医療従事者のストレス対策に関する研究をみてみよう。三木は、病院で働く医師と看護師を対象に医療従[92]事者のストレス要因を明らかにし対策を検討している。この中で、ストレス要因を、1）勤務の構造（交替勤務、不規則な勤務時間、長時間労働、人員不足）、2）仕事の内容、3）対人関係の3つに大別している。食サービスの場合を考えてみると、交替勤務と不規則な勤務時間に関しては、昼と夜の繁忙時間とそれ以外の閑散期による勤務の工夫を求められることや、需要変動が激しいために適応的に仕事の需要量が変動してしまう不規則さは類似の要

---

92 三木明子「産業・経済変革期の職場のストレス対策の進め方　各論4 事業所や職種に応じたストレス対策のポイント：病院のストレス対策」『産業衛生学雑誌』44巻6号、219-23頁、2002年。

因につながりうることが予想される。またこの研究では、看護職と他職種の女性の仕事のストレッサー、社会的支援、ストレス反応の比較分析が実施され、サービス業は仕事のストレッサーのうち量的労働負荷によるものが、看護職に次いで2番目に大きい結果となっている[92]。環境変動に対して適応的に判断することや、仕事の計画を柔軟に修正しながら働くことは、現時点の技術においては、自動化やロボットと比較して人が得意とする領域であるが、その際にストレス負荷がかかりにくくなるような職務設計や協業の工夫が必要である。

職場環境の改善

　個人へのアプローチに対して、職場環境を改善することで健康な労働環境を創出するアプローチも着目される。組織的な職場環境の改善対策は、個人アプローチによる対策よりも効果が大きくより継続的な改善につながりやすいことが研究から明らかになってきている[93]。ILO は、世界9か国の職場ストレス対策の成功事例を集めて分析し、19例のうちの14事例が組織の再構築などの職場環境の改善に関連した対策であったと報告している[94][95]。サービス産業では、一般的に店舗のレイアウトにおいて、利益向上の観点から顧客が利用する喫食やサービスに供するためのスペースを大きく確保し、作業場などはいかに効率的に小さな領域の中で設備配置や動線設計を実現できるかが工夫されるが、人にとって働きやすい環境であるかという観点も忘れてはならない。今後、人と機械が協調するサービス現場の設計においては、ますますこの観点が重要になってくるだろう。

93　川上憲人「産業・経済変革期の職場ストレス対策の進め方　各論 1 一次予防——職場環境等の改善」『産業衛生学雑誌』44 巻 3 号、95-9 頁、2002 年。
94　吉川徹、川上憲人、小木和孝、堤明純、島津美由紀、長見まき子、島津明人「職場環境改善のためのメンタルヘルスアクションチェックリストの開発」『産業衛生学雑誌』49 巻 4 号、127-42 頁、2007 年。
95　Karasek R. Stress prevention through work reorganization: a summary of 19 international case studies, ILO Conditions of Work Digest: *Preventing Stress at Work* , Vol. 11, pp. 23–41, 1992.

食 × 価値づくり × 働く満足

　人的資源管理論では、投入された経営資源が企業活動を通じて変換され、その過程において付加価値を創出し、製品・サービスを産出する全体プロセスにおける働く人々を管理するための一連の活動を扱う。このとき、従業員がより良い環境で高いパフォーマンスを発揮できるようさまざまなマネジメント方策が研究されてきた。文化や商習慣の違いによって、国や地域に応じた工夫が進んできた例も多く、また業種や職種に応じて多様な内部環境・外部環境を考慮して、評価制度や組織設計をはじめ各種制度設計が行われている。 2020 年以降、新型コロナウイルス感染症対策として多くの業界で在宅勤務への取り組みが加速的に進んでいる。また、雇用形態や働く人の満足の多様化はますます進み、ダイバーシティ＆インクルージョンでは、人財の多様性（ダイバーシティ）を包摂（インクルージョン）することが持続的な成長につながるとされる。多様性に柔軟に対応することがマネジメントに求めている。

　では、働く人の立場ではどうだろうか。ハーツバーグは動機づけ・衛生理論において、成長、達成、承認を動機づけ要因に分類している。これらを質的・量的にも、時間的にもうまく感じられるようにすることで自身のモチベーションが向上すると考えられる。ただし、多様化した働き方において副業やギグワーク、さまざまな雇用形態が選択肢として増えていく社会情勢の中、必ずしもひとつの組織でこれら全ての要因を得る必要はなく、働く人自身がプライベートも含めた生活全体の中で、中長期的なキャリアプラン・ライフプランを考えながら、日々の生活の中でいかに満足を感じながら日常を工夫していくかが重要になっていくだろう。

　食を扱う仕事は、同時性により生産と消費の場が時間的にも空間的にも近く、顧客の反応や創意工夫の結果をバリューチェーンの各プロセスに関与する人が頻繁に知覚しやすくできる可能性がある。人によって付加価値を生み出す労働集約的なプロセスや、顧客と直接対面し製品・サービスを

提供するビジネスは、食産業の中では目的や形を変えながら一定数残っていくだろう。共に働くこと、共に社会にいきることを、人のみならず、機械や今はまだない新技術との協業によって多様性に包摂性をもって対峙できる未来が望まれる。ICT の発展により、分業が進みやすくなる情報共有技術や協業におけるコミュニケーション技術など、テクノロジーは日々発展していく。このとき、われわれはどのように生きる未来社会を望むのか。技術・研究開発投資や制度設計に対する意思決定を行い未来の方向性を決めるのは、現在を生きるわれわれ自身である。食を起点とした研究開発の発展と、それらによる知見が未来の意思決定の一助となることが期待される。

あとがき

・・・・・・・・・・・・・・・・・・・・・・・・・・・・・・・・・・・・・・・

　本書は食を「工学」的観点でとらえ、「自然物」である農水産物が、人の手を経て料理や飲料というある目的性を果たす意味を持つ「人工物」に変化するプロセスを設計・生産システム・人の関与という側面で概説するとともに、これらのプロセスで必要とされる知見や技術を、主に工学分野の観点で、あわせて経営学の視点で分析することを目指して執筆した。

　ただし、食科学（Gastronomic Sciences）の言葉が示すように、食は同時に文化であり、経営であり、アートである。さまざまな側面をあわせ持つ食の全容を解明するためには、歴史学や哲学、自然科学、社会科学、経済学をはじめ工学分野のみならず、あらゆる学問分野の知見を総動員して研究がすすめられなければならない。「シリーズ食を学ぶ」はその壮大な研究への序章であり、本書はシリーズの総論的位置づけである『食科学入門』に続き、各論として上梓された書である。

　食べるという行為は人間の根源的な営みであり、生活や社会と密接に関わっている。食と向き合うとは生きると向き合うことであり、全ての学問は食を介することで、ひとがこの地球でいかに生きるべきかを問うことにつながっている。それを大人、学生、児童とともに考えることがわたしたちの未来をつくることにつながっていくのではないか。

　本書を一読した後、さらに食の学問分野に興味を持つ人は、本叢書シリーズで刊行される他分野の書籍に進んでいただければより広範な知見を得られるであろう。また、「シリーズ食を学ぶ」以外にも食を対象とした良書はたくさん発刊されている。本書の購読を機に、食の学問分野への理解を深めていただければ幸いである。

著者記す

索　引

243

◆ 著者紹介

新村　猛（Shimmura, Takeshi）Part 1-4

専門は食分野のサービス工学、人的資源管理論研究。博士（工学）。筑波大学大学院博士課程システム情報工学研究科修了。立命館大学客員教授、近畿大学客員教授、国立研究開発法人産業技術総合研究所人間拡張研究センター客員研究員、がんこフードサービス株式会社取締役副社長。主な業績：『サービス工学——51の技術と実践』（朝倉出版、2012年）、『よくわかる MBA 総論』（コミニケ出版 、2012年）、*Serviceology for Smart Service System*, Springer（2016）, "Multiproduct Traditional Japanese Cuisine Restaurant Improves Labor Productivity by Changing Cooking Processes According to Service Product Characteristic", *International Journal of Automation Technology*（2018）,『食科学入門——食の総合的理解のために（シリーズ食を学ぶ）』（昭和堂、2018）、*Service Engineering for Gastronomic Sciences – An Interdisciplinary Approach for Food Study*, Springer（2020）.

野中　朋美（Nonaka, Tomomi）Part 5

専門は生産システム工学、サービス工学。博士（システムエンジニアリング学）。慶應義塾大学環境情報学部卒業、慶應義塾大学大学院システムデザイン・マネジメント研究科（SDM）修士課程・後期博士課程修了。神戸大学大学院システム情報学研究科特命助教、青山学院大学理工学部経営システム工学科助教などを経て立命館大学食マネジメント学部准教授。近年は、持続可能な社会・ビジネスシステム研究に従事。主な業績：「顧客満足度を考慮した従業員満足度モデル——レストランにおける職種による差異の分析」（日本経営工学会論文誌、2016年）、"An EOQ Model for Reuse and Recycling Considering the Balance of Supply and Demand", *International Journal of Automation Technology*（2015）など。

シリーズ食を学ぶ

食の設計と価値づくり
──「おいしさ」はいくらで売れるのか

2021 年 4 月 20 日　初版第 1 刷発行

著　者　　新村　猛
　　　　　野中朋美

発行者　　杉田啓三

〒 607-8494　京都市山科区日ノ岡堤谷町 3-1

発行所　株式会社　昭和堂

振替口座　01060-5-9347

TEL（075）502-7500／FAX（075）502-7501

ⓒ 2021　新村　猛、野中朋美　　　　　　　　印刷　モリモト印刷

ISBN978-4-8122-1923-2

＊落丁本・乱丁本はお取り替えいたします

Printed in Japan

シリーズ食を学ぶ

食の商品開発
── 開発プロセスのA to Z

本書の特徴

◎食品の商品開発を成功させるために、必要なプロセスとは?

◎ロングセラー商品の企画に必要な考え方とは?

◎「開発ノート」では、ヒット商品開発の背景に迫ります!

もくじ

シリーズ食を学ぶ　開発プロセスの A to Z　食の商品開発　内田雅昭 編

ロングセラー食品開発の秘訣　サントリー「金麦」「オールフリー」開発担当者による指南書

内田雅昭 著

A5判・224頁

定価(本体 2,300 円＋税)

ISBN 978-4-8122-2011-5

「シリーズ食を学ぶ」の刊行計画は
昭和堂のウェブサイトをご覧ください。
http://www.showado-kyoto.jp/news/n37959.html

図書出版 昭和堂